钢框架梁端翼缘
扩翼型和侧板加强型节点的
抗震性能分析

☆ 马辉 著

中国海洋大学出版社
·青岛·

图书在版编目（CIP）数据

钢框架梁端翼缘扩翼型和侧板加强型节点的抗震性能
分析／马辉著 . 一青岛：中国海洋大学出版社，2017. 12
　ISBN 978-7-5670-1607-1

Ⅰ . ①钢⋯ Ⅱ . ①马⋯ Ⅲ . ①钢梁－框架梁－抗震性
能－研究 Ⅳ . ① TU398

中国版本图书馆 CIP 数据核字（2017）第 262756 号

出版发行	中国海洋大学出版社		
社　　址	青岛市香港东路 23 号	邮政编码 266071	
出 版 人	杨立敏		
网　　址	http://www.ouc-press.com		
电子信箱	wangjiqing@ouc-press.com		
订购电话	0532-82032573（传真）		
责任编辑	矫恒鹏	电　　话 0532-85902349	
装帧设计	青岛汇英栋梁文化传媒有限公司		
印　　制	日照报业印刷有限公司		
版　　次	2017 年 12 月第 1 版		
印　　次	2017 年 12 月第 1 次印刷		
成品尺寸	170 mm × 230 mm		
印　　张	6.5		
字　　数	115 千		
印　　数	1—1000		
定　　价	28.00 元		

如发现印装质量问题，请致电 0633-8221365，由印刷厂负责调换。

摘　要

　　传统的钢框架梁柱连接节点在美国北岭地震和日本阪神地震中产生了大量的脆性裂纹,这些裂纹大多产生于梁端翼缘焊缝处,随后沿柱翼缘和梁腹板处延伸。震后研究结果表明焊缝处的裂纹制约了焊接节点塑性发展从而导致传统梁柱连接节点抗震性能不强,世界各国通过大量的试验研究和理论分析提出了多种传统梁柱节点的改良形式。本书研究的梁端扩大型梁柱连接节点属于加强型新型延性节点,是一种典型的将塑性铰外移的节点形式,包括梁端翼缘扩翼型和侧板加强型两种节点类型。梁端扩大型梁柱连接节点的工作原理是在距梁端一定范围内将梁端翼缘扩大,迫使塑性铰的形成位置远离受力复杂且脆弱的焊缝,达到减少节点脆性破坏、提高节点延性的设计目的。

　　本书针对扩翼型和侧板加强型两种节点型式开展了数值分析的研究工作,包括以下两个方面。

　　1. 根据试验中的扩翼型和侧板加强型节点试件,建立了与试验节点相对应的三维有限元模型,采用 ANSYS 有限元分析软件对试验模型进行了循环荷载下的有限元计算,与试验结果进行了分析比较,验证了有限元分析的准确性与可靠性,并根据日本《钢构造结合部设计指针》建立箱形柱截面侧板加强型节点模型,进行其在循环荷载作用下的承载能力、塑性铰形成发展规律、塑性铰分布及位置、滞回性能、延性性能等方面研究,从而为箱形柱截面梁翼缘侧板加强型节点的设计提供理论分析依据。

　　2. 利用 ANSYS 有限元软件分别对扩翼型节点、侧板加强型节点建模,进行了循环荷载下的三维非线性有限元分析,系统探讨了梁翼缘扩大段起始位置、扩大宽度、翼缘扩大长度等参数对节点受力、塑性铰分布规律及试件破坏形态、极限荷载、最大塑性转角、滞回性能等影响,并归纳预测了塑性铰发生的位置,对扩翼和加强侧板参数的选取给出了建议参考值。

　　本书的研究成果可为钢框架节点的抗震设计及探讨新的节点形式提供有价值的理论分析和参考依据。

关键词:扩翼型节点、延性系数、塑性铰外移、滞回性能

Abstract

Widespread and unpredicted brittle fractures have been found in weld steel beam-column connections (weld-flange-bolted-web connections) of steel frames shaken during the Northridge earthquake and the Kobe earthquake. Such fractures were most often initiated at the bottom flange weld and propagated into the column flange and the beam web. The post-earthquake studies have shown that the traditional seismic behavior of beam-column connections is not good because of the brittle failure prevents the welded moment connections from exhibiting the inelastic behavior expected. Extensive experimentally and numerically studies were therefore conducted to the improved beam-column connections in the worldwide. The beam-to-column connection with beam-end horizontal haunch is a kind of reinforced beam-to-column which is one of the typical forms to move plastic hinge outward from the beam and column interface connections. It includes two categories of connections. One of the two categories is the side plate-reinforced section. The other category is the widen flange section. By widening beam flanges, the plastic hinge will form the welds that have much fracture proneness due to stress concentration and welding sensitivity, reducing the damage of brittle fracture of connections and improving the ductility of the structure.

numerical analysis of widen flange section and side-plate reinforced section including two aspects:

1. According to the test side in widen flange section and side-plate reinforced section, the establishment of the node that corresponds with the experimental three-dimensional finite element model, ANSYS finite element analysis software using the test model was under cyclic loading finite element analysis, and test results are analyzed and compared with finite element analysis verified the accuracy and reliability, and in accordance with Japan's "*Steel Construction with the Department of Design Guidelines*" side of box column section to establish enhanced node model, the cyclic loading in the bearing capacity of plastic hinge formation and development of law, distribution and location of plastic hinges, hysteretic behavior, ductility, and

other aspects of research, so as to box column side-plate reinforced section provide a theoretical analysis of the design of the node basis.

2. ANSYS finite element software have established widen flange section and side-plate reinforced section models, under cyclic loading carried out three- dimensional nonlinear finite element analysis. Section of the beam flange of the starting position to expand, expand the width of the flange length parameters on the node to expand the force, the plastic hinge distribution and failure modes of specimens, ultimate load, maximum plastic rotation, hysteretic behavior and other effects, inductive prediction occurrence of the plastic hinge location, widen flange section and side-plate reinforced section parameters of the recommended reference value is given.

The research results for the seismic design of steel frame and discuss the new node in the form provided valuable analysis and reference.

Key words: widen flange section, side-plate reinforced section, ductility coefficient, plastic hinge, hysteretic property

目 录 Contents

第1章

绪 论

1.1 研究背景

钢结构建筑在世界上已经得到普遍应用,全世界 58% 的超高层建筑是纯钢结构的,同时国外 65% ～ 70% 的住宅也都采用了钢结构。许多工业发达国家如美国、日本、英国、澳大利亚等,钢结构住宅已较为普及。澳大利亚钢框架住宅占全部住宅数量的 50%,美国多层钢结构住宅技术是一项集轻钢结构、建筑节能保温、建筑防火、建筑隔声、新型建材、设计施工于一体的集成化技术,钢结构在北美金属结构协会的促进下发展很快,在美国普遍的低层住宅中,钢结构住宅所占比例从 20 世纪 90 年代的 5% 已经发展到现在的 25% 以上,而且应用技术日趋成熟、完善。在日本,钢结构建筑的历史有 100 多年,近几年日本钢结构建筑发展很快,建筑物施工中的钢结构所占比例从 1965 年起,每年不断增加,目前占 50% 左右,而低层建筑采用钢结构者已十分普遍,如 5 层以下的低层建筑物,采用钢结构的占到 90% 以上,平均面积 300 m^2,每幢建筑使用钢材 300 t 左右。同传统的砖混和混凝土结构住宅相比,钢结构住宅是一种更符合"绿色生态建筑"特征的结构形式。它具有自重轻、地基费用省、占用面积小、工业化程度高、外形美观、施工周期短、抗震性能好、投资回收快、环境污染少等优势,具有较好的综合经济效益。

我国的钢结构起步较晚,随着国家经济实力的增强和社会发展的需要,近十年来,钢结构取得了比较迅速的发展,初步形成了一批有实力的龙头企业如鞍钢、宝钢等。制作钢结构所用的中厚板、型钢、钢管以及涂镀层钢板等产品的质量也有了较大提高,耐火钢、超薄热轧 H 形钢等一批新型钢材相继研制成功,开始应用于各类工程中。比较重要的工程有浦东国际机场、首都国际机场、上海金茂大厦、深圳赛格大厦、大连世贸中心、芜湖长江大桥、上海卢浦大桥、上海宝钢大型轧钢厂房、江南造船厂仓库、长江输电铁塔、青岛天泰体育场、义乌市体育场、长沙长途汽车站等,这些建筑成为了我国科技进步的象征,在国内外产生了一定的影响。近年来,钢结构正逐步应用于民用住宅中,并开始有所发展。

我国是世界上遭受地震灾害最严重的国家之一,20 世纪以来,全世界所有发生在大陆的 7 级及 7 级以上地震中,大约有三分之一发生在中国;特别是 2008 年 5 月 12 日 14 时 28 分(北京时间)发生的中国汶川大地震[1](图 1.1),震级达到了里氏 8.0 级,严重受灾地区达 10 万 km²,受灾人数近 5000 万人。地震发生时,人员的伤亡主要是由于房屋建筑和工程的倒塌以及地震以后的次生灾害。由于遭受地震烈度以及房屋质量有差别,破坏程度也不尽相同,多层砖混结构的房屋多数在墙体上出现剪切斜裂缝或 X 形焊缝;钢筋混凝土框架结构的震害多发生于柱端(呈强梁弱柱)和节点,柱端水平裂缝、柱端和节点的斜裂缝或交叉裂缝等,框架梁的震害较轻,基本表现为梁端的竖向弯曲裂缝或剪切斜裂缝;而钢结构的厂房或空间网架则在地震中经受住了考验,都基本完好。钢结构强度高、延性好且制作简便,广泛应用于大跨、高层、重载和轻型结构中,是一种经济有效的结构形式。近年来,随着我国钢铁产量的快速增长,钢结构已经得到普遍的应用,大型标志性建筑应用钢结构已经成为趋势。

图 1.1　汶川地震灾后照片

长期以来,钢框架梁柱刚性连接一直被认为具有良好的抗震性能,按抗震设计的钢框架,在强震作用下,节点基于材料的延性,能够保证结构产生塑性变形,在梁内而不是柱内产生塑性铰,通过塑性区的形成和转动耗散地震输入的能量,使节点免于破坏,并保证结构的整体性使其免于倒塌,这就是所谓"强柱弱梁,强节点弱杆件"的设计思想[2][3]。

但是在 1994 年美国北岭地震以及 1995 年的日本阪神地震中,钢框架梁柱刚性连接节点所表现出来的性能颠覆了传统的看法。大范围的连接脆性[4][5][6]

破坏已经发生,破坏程度由细小的微裂纹到完全的柱截面断裂破坏不等。最常见的破坏形式发生在梁、柱翼缘相交处的焊缝区域,许多连接节点发生脆性断裂,甚至丧失了承载力。在北岭地震中最常见的破坏出现在梁的下翼缘与柱翼缘焊接节点或附近部位,如图 1.2 所示。因此,采取必要措施改善梁柱刚性节点的性能不仅具有重要的理论意义,也具有重大的工程应用价值。

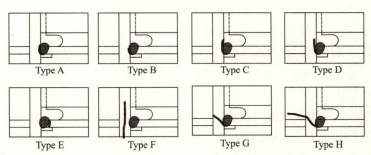

A. 焊缝与柱交界处完全断开;
B. 焊缝与柱交界处部分断开;
C. 裂纹沿柱翼缘向上扩展,完全断开;
D. 裂纹沿柱翼缘向上扩展,部分断开;
E. 焊趾处梁翼缘裂通;
F. 柱翼缘层状撕裂;
G. 柱翼缘裂通(水平或倾斜方向);
H. 裂纹穿过柱翼缘和部分腹板。

图 1.2　试验加载装置简图

改善刚性连接节点性能的关键在于能否通过提高节点延性来强化节点的可靠性。人们在对传统梁柱节点进行研究分析的基础上,提出了一些改进的新型节点形式,可分为扩翼型和削弱型两大类。因为柱表面潜在的焊缝缺陷、应力集中等容易导致过早的裂缝,这两种方式均可将塑性铰自柱翼缘外移到距柱面一定距离的梁上,从而避免由于节点变形能力的恶化而导致的脆性破坏。

1.2　近年来世界各国对钢框架梁柱节点的研究

1.2.1　震后各国对钢框架传统节点的研究

自 20 世纪 70 年代起,美国已经普遍开始使用栓焊混合型连接节点。在北岭地震以前,已有专家学者基于此种节点在试验研究中表现出的塑性转角试验数据离散,有的甚至出现脆性断裂的情况,怀疑过这种传统节点的抗震性能,德州大学 Engelhardt 教授甚至提出应在大震时密切关注这种传统节点在地震中的表现,应对它的设计方法和连接构造要进行必要的改进的建议 [7]。

北岭地震证实了这一疑虑,为此 SAC[由加州结构工程协会(SEAOC)、应

3

用技术研究会（ATC）和加州一些大学的地震工程研究单位（CU）组成的研究机构，简称SAC〕通过柏克莱加州大学地震工程研究中心（EERc）等4个试验场地，进行了以了解震前节点的变形响应和修复性能为目的的足尺试验和改进后的节点试验。对北岭地震前通常做法的节点及破坏后重新修复节点的试验表明，全部试验都观察到了与现场裂缝类似的早期裂缝，试验的特性曲线亦与以前的试验结果相同，梁的塑性转动能力平均为0.05弧度，是SAC经过研究后确定的目标值0.03弧度的1/6，说明北岭地震前钢框架节点连接性能很差，这与地震中的连接破坏是吻合的，与设想钢框架能发展很大延性的设计意图是违背的。焊接钢框架节点的破坏，主要发生在梁的下翼缘，而且一般是由焊缝根部萌生的脆性破坏裂纹引起的。裂纹扩展的途径是多样的，由焊根进入母材或热影响区。一旦翼缘坏了，由螺栓或焊缝连接的剪力连接板往往被拉开，沿连接线由下向上扩展。最具潜在危险的是由焊缝根部通过柱翼缘和腹板扩展的断裂裂缝。从破坏的程度看，可见裂缝占20%～30%，大量的是用超声波探伤等方法才能发现的不可见裂纹。美国斯坦福大学KRAWINKLER教授对北岭地震中几种主要连接破坏形式做了归纳分析，表明发生于北岭地震中梁柱连接的破坏模式的主要原因是：① 焊缝存在的缺陷，如裂缝、欠焊、熔化不足或不良、加渣及气孔，由于梁端腹板下翼缘处工艺孔偏小，致使下翼缘焊缝在施焊时实际上中断；② 连接部位的钢材存在三向应力，无法形成侧向收缩或剪切滑移，以致在没有明显屈服现象下就发生脆性破坏；③ 梁柱节点的高应力区集中在梁翼缘的坡口焊缝处；④ 梁翼缘焊缝的焊接衬板边缘缺口效应—焊接工艺所需的衬板在柱翼缘之间形成的"人工裂纹"的尖端处产生应力集中；⑤ 在梁翼缘对应位置的"工"字形柱加劲肋厚度偏薄等[8]。

阪神地震后，日本建设省建筑研究所成立了地震对策本部，组织了各方面人士多次参加的建筑应急危险度和震害的调查。日本的研究学者在震后的调查中发现，由于焊缝通过孔的存在，引起了梁柱节点在该区域的集中变形，而产生了以工艺孔端点为起点的梁翼缘的脆性断裂[9][10]、贯通横隔板的脆性断裂以及熔透焊接部位的断裂等种种破坏。工艺孔的存在使得下面三个地方出现了变形集中：① 工艺孔底端梁翼缘处；② 直通横隔板和梁翼缘焊接部位的外端；③ 直通横隔板外面和钢管柱焊接部位末端的梁腹板范围位置处[11][12]。

1.2.2 震后钢结构设计的对策

美国解决钢框架连接抗震性能问题的基本途径是将塑性铰外移，塑性铰外移分为两种基本形式,即削弱型和加强型。削弱型节点是通过对梁翼缘或腹板的削弱,使削弱处破坏先于节点破坏,从而起到控制梁塑性铰位置的目的,但是这种削弱会降低梁的承载力,同时也增加了腹板局部屈曲以及梁发生侧向扭转失稳的可能性。扩翼型节点是通过改变节点处构造措施,使梁上塑性铰位置区域在受力时先于节点处屈服,达到保护节点增加塑性变形的目的。

针对日本钢框架在地震中表现出与美国钢框架不同破坏特点的现象,日本震后没有像美国那样采用将塑性铰外移的方案。震后日本的研究主要着眼于动力试验、温度对连接性能的影响、钢材和焊缝的材料性质、发展新材料及新构造上,提出了钢框架梁柱连接节点的构造改进形式,日本震后发表的技术规范中,扇形切角的设置包括不开切角和开切角两大类,并规定扇形切角可采用不同形状,目的也是消除可能出现的裂缝,保证结构的塑性性能[2]。

我国早期的高层建筑钢结构基本都是国外设计的,我国的设计施工规程是在学习国外先进技术的基础上制定的。由于日本设计的我国高层钢结构建筑较多,我国的设计、制作和安装人员对日本的钢结构构造方法比较熟悉,设计规定特别是节点设计,大部分是参照日本规定适当考虑我国特点制定的,部分规定吸收了美国的经验。目前国内大量采用的传统梁柱栓焊节点连接,在抵抗大地震自然灾害能力方面确实存在着一定的安全隐患。一方面借鉴国外已有的研究成果和信息资料,另一方面加快我国在钢结构新型抗震节点的设计理论和试验研究的步伐,提高我国建筑钢结构抵抗特大地震自然灾害的能力,已经是十分重要和日益紧迫的战略任务。

1.2.3 削弱型节点

削弱型梁柱连接节点是在距离梁端一定距离将梁的截面进行削弱,迫使塑性铰的位置离开受力比较复杂且脆弱的焊缝而出现在梁上,从而使节点的破坏形式为延性破坏,以达到改进连接性能的目的。这类连接形式常见的有梁腹板削弱型连接、腹板切缝型连接以及梁翼缘削弱型。

梁腹板开孔型节点是在梁腹板上靠近梁端柱面处开孔,通过对梁腹板的削弱使开孔处刚度和承载能力减少,通过开孔位置与大小控制连接处塑性铰的形成位置,迫使梁在地震作用下先于梁柱连接处破坏,起到保护梁柱节点的作用[见图 1.3（a）]。试验表明,此种试件的梁端塑性转角都在 4% rad 以上,而且在梁根部的上下翼缘焊缝处没有出现裂纹,但试件的强度出现了较大的退化。腹板开孔型节点主要适用于既存结构的修复,因为由于楼板的存在,对钢梁上翼缘进行削弱比较困难，而对削弱梁腹板削弱较容易，但其缺点是此种连接方式对节点抗剪不利[13][14][15]。

梁腹板切缝式连接节点是在梁翼缘和腹板间切缝，使梁翼缘和腹板局部隔开，与普通连接相比，其作法就是将在梁腹板靠近柱翼缘处沿翼缘轴线方向切上下两条缝。针对普通连接梁翼缘应力分布不均匀的缺陷，通过切割两条缝来消除梁翼缘应力分布不均匀现象，同时使得塑性铰偏离焊缝出现在切缝的末端，并可有效地防止梁侧向扭转屈曲[16]。

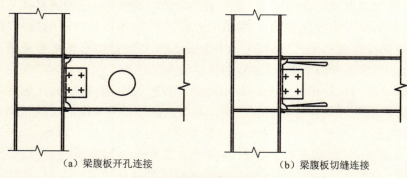

（a）梁腹板开孔连接　　　　　　（b）梁腹板切缝连接

图 1.3　梁削弱型连接形式

狗骨式连接节点属于近几年研究的热点的一种连接形式，其转移塑性铰的方式通过削弱梁的上下翼缘实现。根据切割方式的不同，又可以分为直线削弱式、锥形和圆弧削弱式三种形式，它针对普通连接塑性区小的缺陷，对梁进行合理的削弱，使得较长一段梁几乎同步进入塑性，真正做到了延性设计、充分发挥了钢材的塑性[17]（图 1.4）。此种连接节点的优点是构造简单，受力明确，同时能产生很大的塑性转角，有良好的延性；缺点是由于梁翼缘的削弱，梁的刚度有所降低，而且对加工精度要求比较高[18][19]。

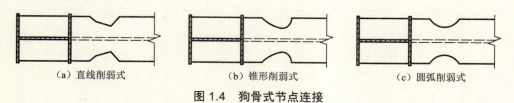

（a）直线削弱式　　　　　（b）锥形削弱式　　　　　（c）圆弧削弱式

图 1.4　狗骨式节点连接

1.2.4　扩翼型节点

扩翼型节点是通过构造措施对梁柱节点处进行加强，迫使塑性铰在距离梁柱节点一段位置的梁上出现，达到塑性铰外移保护节点的目的，有利于实现"强柱弱梁,节点更强"的设计思想。扩翼型节点主要包括板式扩翼型节点、梁端翼缘扩翼型和侧板加强型节点、肋板式扩翼型节点与加腋式扩翼型节点。

板式扩翼型节点主要有两种形式:盖板扩翼型与翼缘板扩翼型,见图 1.5。板式扩翼型节点能够实现将塑性铰外移的目的,可以将梁端塑性转角增大到美国联邦应急管理署(FEMA)规定的 0.03 rad 以上,从而大大提高节点延性性能,以及钢框架的抗震耗能能力,梁破坏后加强板并不屈服,梁柱连接出焊缝也未见裂缝,是一种性能优良的节点加强形式。但是当盖板扩翼型节点当盖板厚度过大、长度过长时,会增大梁端连接焊缝的应力,增大造成脆性破坏的可能。与盖板扩翼型节点相比,翼缘板扩翼型节点梁翼缘板并不与柱翼缘直接相连,而是通过加强板的过度与其相连,这样的构造措施可以减小梁端与柱翼缘连接处焊缝高度,利于焊缝质量控制与后期质量检查,同时焊缝高度的降低也有利于减少焊接热应力的影响[20]。板式加强构造简单,施工迅速,承载力刚度都有所提高,也便于后期维护,但缺点是用钢量较大[21][22][23]。

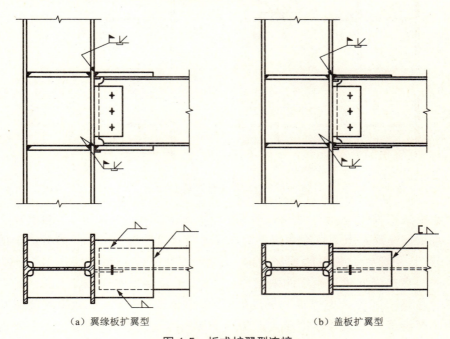

（a）翼缘板扩翼型　　　　　　　　　　（b）盖板扩翼型

图 1.5　板式扩翼型连接

梁端翼缘扩翼型和侧板加强型节点见图 1.6。这两种节点是通过增大梁翼缘宽度的方法达到减低焊缝中应力的目的,两种形式都能很好地起到将塑性铰外移的目的,扩翼型节点通过短牛腿与梁相连,如图 1.6(a)所示,牛腿在工厂与钢柱全焊连接,到现场将等翼缘宽度的钢梁与短牛腿栓焊连接,这样可以保证短牛腿与柱连接处焊缝质量。侧板加强型节点是由日本清水建设开发的新型连接方式,只需在梁端部用几块与梁翼缘厚度相同或相近的平板与梁翼缘对接焊接即可,与和普通的钢结构梁柱节点相比,可将梁端塑性变形能力提高 1 倍以上,从而使钢框架抗震能力有很大的提高。梁端翼缘扩翼型和侧板加强型节点连接中,扩翼宽度及扩翼长度是影响节点耗能及延性性能的主要因素,这种连接方式的缺点是制造工艺复杂,浪费材料[10][24]。

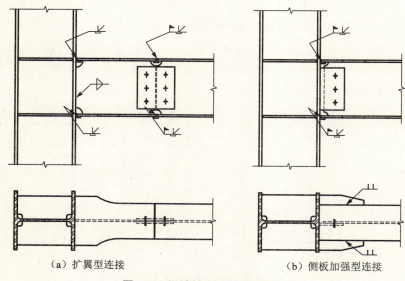

（a）扩翼型连接　　　　　　　　　　　（b）侧板加强型连接

图 1.6　梁端扩大式扩翼型连接

肋板式扩翼型节点与加腋式扩翼型节点构造相似,见图 1.7。肋板式扩翼型节点依靠在钢梁上下翼缘焊接一块或者两块垂直肋板增加钢梁翼缘截面的抗弯承载力,使塑性铰移至肋板加强区之外,起到保护节点焊缝的作用。但此种节点同样存在降低建筑净空的缺点,且不方便组合楼板的安装。加腋式扩翼型节点是在梁上下翼缘处焊接一小段"工"字形梁或 T 形件,以此来提高梁端截面的抗弯承载力。这种连接形式主要用于加固修复工程,也表现出了良好的塑性性能,但此种节点增加了现场安装难度,降低了建筑净空[25][26]。

综上所述,梁端翼缘扩翼型和侧板加强型节点节点因具有明显的塑性铰外移效果,较好的抗震性能,简单明确的传力途径与构造,是这几种扩翼型节点中较为突出的一种节点形式。

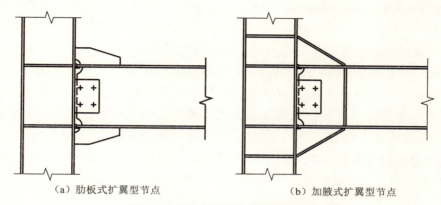

（a）肋板式扩翼型节点　　　　　　　　（b）加腋式扩翼型节点

图 1.7　肋板式与加腋式扩翼型节点

1.3　扩翼型节点国内外研究现状

1.3.1　国外研究现状

　　震后,美国建筑钢结构协会(AISC)对盖板加强和设置加劲肋加强的节点进行了一系列足尺试件试验,结果表明扩翼型节点具有良好的性能,已经在美国西部的许多钢结构框架中采用。

　　Chen,C,C. 和 Lee,C. M 等人[27][28]对扩翼型节点进行了 6 个实尺寸试件的循环加载试验,并进行了有限元分析,其结果表明,扩翼型接头可以提高梁柱接头的韧性能力,避免于焊缝热影响区发生脆性破坏。

　　M. D. Engelhardt 和 T. A. Sab 等人对 12 个盖板式连接进行了足尺循环加载试验,试件采用了不同的盖板形式,梁翼缘、盖板及柱的对接焊缝采用不同的形式和施焊顺序,焊条采用不同的型号。其中 10 个试件表现出了良好的性能,在盖板的端部附近先发生屈服,柱附近盖板仍处于弹性阶段,当塑性转角到达 0.01 ～ 0.015 rad 时,梁翼缘腹板局部屈曲,并伴随梁扭转,最后导致试件承载力下降。另外 2 个试件在经历了很少的荷载循环过程后发生脆性破坏。

　　Ting,L. C 研究箱形柱与 I 形梁的扩翼型节点,利用有限元软件分析了各种扩翼型节点形式对节点受力性能的影响,其结果表明未补强的梁柱连接节点在根部焊缝处有应力集中现象,而采用梁两侧增加三角形加强板的加强形式,可是应力集中的位置转移至节点域处,其中三角形加劲板的长度与端部角度影响

9

接触面处应力的传递,合适长度的加强板会使应力平顺地传入柱节点域处。此外,当梁宽与柱宽的比值愈大时,其应力传递至柱面的性能就愈高,有较好的塑性[29]。

梁翼缘腋形扩大型节点是由日本清水开发的一种节点形式,日本建筑学会于 2001 年 11 月颁布的《钢构造结合部设计指针》[30]给出了其构造做法。梁翼缘腋形扩大型连接的具体要求为:加腋长度宜取梁高的 1/2 ～ 3/4,且不应大于梁端至反弯点长度的 8.5％,焊缝通过孔端部至加腋区端部的长度可取梁高的 1/4。加腋角度不应大于 28°。加腋区宜采用一块钢板制作,与梁翼缘焊接,腋板厚度与梁翼缘相同。而扩翼型梁柱连接节点可以认为是此种节点的改良形式,在变截面处采用圆弧渐进式进行过渡,使应力平滑地传递。

1.3.2　国内研究现状

西安建筑科技大学的刘占科、苏明周[31],针对梁端翼缘侧板加强型刚性梁柱连接节点进行了低周往复荷载作用下的拟静力试验研究,共设计制作了 4 个 1/2 的缩尺模型 T 形连接试件,分别考虑了梁翼缘宽厚比、腹板高厚比以及不同加强方式的影响。试验结果表明,侧板加强型节点的强度和刚度较好,但变形能力稍差,其中 1 个试件因焊缝质量问题在未达到极限承载力时就出现破坏,其他 3 个试件的塑性变形能力接近或刚达到美国抗震规范中关于特殊抗弯钢框架塑性转动能力的要求。主要原因是侧板与梁翼缘的对接焊缝影响使加强区外焊接热影响区母材变脆而发生脆性撕裂。试验结果表明,该连接形式强度和刚度较好,能满足我国现行抗震规范的要求。但该连接构造形式塑性转动能力稍差,不能满足特殊抗弯钢框架连接塑性转动能力的要求。

哈尔滨工业大学的王想军、张文元根据钢框架强柱弱梁的抗震设计原则,按照使梁上塑性铰位置远离节点区的设计思路,设计了 4 个缩尺模型的梁端翼缘侧板加强式节点和扩翼式节点,并对这两种节点进行了低周反复荷载下的伪静力试验。试验结果表明:扩翼式节点比侧板加强式节点耗散能量的能力强很多,改变扩大翼缘尺寸对结构的耗能能力影响不大;综合考虑两种类型节点的抗震性能发现,扩大翼缘较短时,试件的耗能性能和延性都比较好,且刚度和扩大翼缘较长试件相比相差不大;并且指出弯矩控制截面取在扩大翼缘端部假想塑性铰的中心位置,这种计算偏于保守[32]。

青岛理工大学的王燕、王鹏进行了 5 个 1/2 缩尺的抗弯钢框架梁柱 T 形连接节点试件试验,其中包括两个盖板扩翼型节点试件。试验中试件均按照我国现行规范进行设计,并参考美国规范 FEMA350 的设计方法及构造要求,在试验过程中梁上部盖板与柱翼缘连接焊缝处发生开裂,但由于梁翼缘与柱翼缘连接焊缝良好,塑性铰最终在距盖板端部约 1/4 梁高位置形成。试验结果表明,节点塑性转角、总转角、延性系数均满足塑性转角不低于 3% rad、总转角不低于 5% rad 及延性系数大于 3.0 的抗震性能最低标准,说明盖板扩翼型节点较普通节点承载力有较大提高,有更好的抗震耗能能力[33]。

青岛理工大学的王燕、高鹏进行了 5 个缩尺比例为 1/2 的高层钢框架 H 形梁柱刚性连接节点的试验研究,其中包括 2 个梁端翼缘侧板加强型节点试件(SPS-1、SPS-2),2 个扩翼型节点试件(WFS-1、WFS-2),1 个普通栓焊节点试件。通过循环荷载试验和理论分析方法,深入研究了梁端扩大型梁柱连接节点的抗震性能。试验结果表明点塑性转角、总转角、延性系数均满足塑性转角不低于 3% rad、总转角不低于 5% rad 及延性系数大于 3.0 的抗震性能最低标准,达到了塑性铰外移的目的,保护了梁柱连接根部焊缝,说明侧板加强型与扩翼型节点较普通节点承载力有较大提高,有更好的抗震耗能能力[34]。

清华大学的余海群、钱稼茹针对十个不同类型:普通栓焊连接、标准全焊连接、扩翼式、盖板加强型、加腋型、削弱型和梁贯通型的足尺钢结构梁柱节点进行了抗震性能试验研究,通过试验结果对不同类型的节点进行了比较,并提出了一些建议。试验结果发现,本试验中好几个试件并没有达到实现有效转移塑性铰的目的,而且有的在梁端焊缝处发生了脆性裂缝,所以并没有达到验证这种试件是否能将塑性铰转移到扩大翼缘端部的目的[35]。

东南大学的黄炳生等提出了梁端楔形翼缘连接节点,通过 2 跨 2 层梁端楔形翼缘连接钢框架试件的低周反复加载试验,研究了结构在地震作用下的滞回性能、耗能机制、耗能能力、刚度退化和破坏形态。结果显示,试件破坏模式为延性,破坏时的顶点位移角达到了 1/29,整体延性系数在 4.7 以上,梁上塑性铰出现在翼缘变化处,表明梁端楔形翼缘连接钢框架具有良好的抗震性能。对试件进行了静力弹塑性分析,节点域用转动弹簧来考虑其剪切变形,采用双线性特性塑性铰的计算结果与试验结果较一致[36][37]。

1.4　研究内容

塑性铰外移是解决钢框架连接抗震性能问题行之有效的基本途径,是近十年来研究的热点之一,现在人们越来越多的开始转向关注梁端翼缘扩大型连接的研究和应用工作，并为现行规范的修订所推荐采用。

近年来国内外对考虑塑性铰外移的梁端翼缘扩大型的钢框架连接的研究已取得了一定成果，但由于起步较晚，有关的试验资料非常有限，也缺乏相应的理论研究，国内的钢结构设计规范修订可借鉴的资料并不充分，因此对梁端翼缘扩大型节点做深入系统的研究是非常必要的。

本书的研究课题为国家自然基金资助项目（50778092）"塑性铰外移钢框架新型延性节点的试验研究和理论分析"中的一部分，主要研究钢框架梁端翼缘扩大型节点的试验研究和理论分析。

首先以课题组青岛理工大学高鹏、王燕完成的钢框架梁端翼缘扩翼型和侧板加强型节点受力性能的试验[34]为基础，利用 ANSYS 软件对扩翼型节点与侧板加强型节点进行非线性有限元分析，并将有限元分析结果与试验结果相对比，旨在较为精确地把握节点的塑性变形和承载能力，以便确定后续的研究方法。基于以上试验模型，针对扩翼型和侧板加强型两种节点尺寸厚度变化，重点研究这两种节点的设计方法，翼缘扩大参数如何取值，通过调整参数研究翼缘扩大对节点滞回性能、延性系数、承载力、塑性转角等影响，主要工作包括以下五个部分。

第 1 章为绪论，介绍了选题背景、钢框架节点的基本特性，分析了地震载荷下钢结构梁柱节点断裂原因，系统总结了震后国内外钢结构梁柱抗震节点改进措施和研究现状，在此基础上，提出了研究中存在的问题以及本课题的研究意义、内容。

第 2 章，运用通用有限元软件 ANSYS 对试验中扩翼型节点（WFS）进行了非线性有限元分析，并与试验结果进行对比，验证有限元方法的可靠性以及所建立模型和计算分析过程的准确性，从而能够更好地分析计算扩翼参数变化的钢框架梁柱连接节点的受力特性，

第 3 章，运用通用有限元软件 ANSYS 对侧板加强型节点（SPS）进行低周往复荷载作用下滞回性能和延性性能试验研究，与试验结果进行对比。并根据日本《钢构造结合部设计指针》[30]建立 3 个箱形柱截面侧板加强型节点模型，进行其在循环荷载作用下的承载能力、塑性铰形成发展规律、塑性铰分布及位置、滞回性能、延性性能等方面研究，从而为我国钢框架翼缘侧板加强型节点的加强侧板参数选取提供依据。

第 4 章，以试验中设计的试件为参考，选取了扩翼型和侧板加强节点翼缘截面尺寸、厚度改变的主要参数，以基本试件作为原型衍生了一系列试件。采用

非线性有限元模型,分别研究了节点扩大梁翼缘板的长度、宽度等参数对节点承载力、塑性铰发展规律和出现的位置以及节点抗震性能的影响规律,并给出了扩翼型节点和侧板加强型节点设计中扩大翼缘参数的取值范围。

第 5 章,总结全文,在上述研究的基础上,进一步探讨节点连接的有关问题,为该领域进一步研究的方向提出一些建议。

第 2 章

扩翼型节点试验与有限元分析

ANSYS 是工程分析软件,在工程上应用相当广泛,根据力和位移反应可知结构受到外力负载后的状态,进而判断结构是否符合设计要求。一般复杂系统的几何结构必须先简化结构,采用数值模拟方法分析。采用数值分析的方法可以较好地分析节点在循环荷载作用下的抗震性能,但计算方法的妥当性也需要结合试验来确定。本书以扩翼型节点(WFS-1、WFS-2)和梁端翼缘侧板加强型连接节点(SPS-1、SPS-2)试验为基础进行有限元分析,从而确定合理的计算方法。

2.1　扩翼型节点试验

2.1.1　试件设计

为验证本书建立的有限元模型对模拟梁端翼缘扩翼型节点在低周反复荷载作用下的性能分析的准确性及适用性,选取了高鹏等人[34]的试验进行验证。

试验试件根据文献[21]扩翼型节点(WFS-1、WFS-2)的扩翼段长度取 $l_a = (0.5 \sim 0.75) b_f = (75 \sim 112.5)$ mm,其中 b_f 为梁翼缘宽度;圆弧段长度 $l_b = (0.3 \sim 0.45) h_b = (90 \sim 135)$ mm,其中 h_b 为钢梁高度。通过计算扩翼圆弧段半径 R 取 150 mm,扩翼段部分构造如图 2.1 所示。

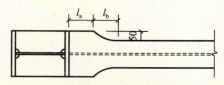

图 2.1　扩翼型(WFS)节点尺寸示意图

试验按真实结构尺寸的 1∶2 的比例,试件的梁柱截面尺寸及扩翼参数见表

2.1。试验中所有试件的梁柱选用 Q235B 热轧 H 型钢,柱截面为 HW250×250,腹板和翼缘厚度分别为 9 mm 和 14 mm;梁截面为 HN300×150,腹板和翼缘厚度分别为 6.5 mm 和 9 mm。加工过程中焊条采用 E43 型,梁翼缘用火焰切割后,再进行打磨。节点连接的构造示意图见图 2.2,参照我国《高层民用建筑钢结构技术规程》(JGJ99-98)[38] 的规定将梁腹板端头上下角切割成扇形缺口,切口半径为 35 mm。试验进行了梁端翼缘侧板加强型和扩翼型梁柱连接节点在循环荷载作用下的节点延性和滞回性能研究,观测节点的破坏形态、极限荷载、最大塑性转角等特性,从而得到滞回关系曲线,同时也得到了梁上下翼缘应变分布的试验数据[34]。

表 2.1　试件截面尺寸及扩翼参数

试件编号	梁截面尺寸	柱截面尺寸	梁柱连接类型	扩翼长度(mm)	扩翼宽度(mm)	节点类型
WFS-1	HN300×150×6.5×9	HW250×250×9×14	全焊连接	170	40	扩翼式
WFS-2	HN300×150×6.5×9	HW250×250×9×14	全焊连接	220	50	扩翼式

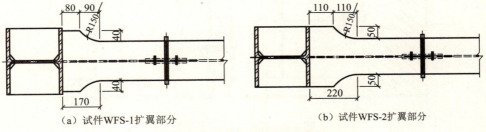

（a）试件WFS-1扩翼部分　　　　　　　（b）试件WFS-2扩翼部分

图 2.2　节点连接的构造示意图

2.1.2　加载制度

本试验选用变幅值位移控制加载[39]方式,采用青岛理工大学结构工程试验中心 JY-DSV-IA 型电液伺服加载系统,应用一个 LSWEB-25T 型作动器在梁端施加反复荷载,荷载范围 ±25 t,行程 ±200 mm,系统精度 1%,试验装置如图 2.3 所示。试验过程中轴压荷载保持恒定,梁端采用油压作动器施加反复荷载,加载方式采用变幅位移控制加载。

根据美国 AISC 抗震规范[40],以层间侧移角控制加载,试验时近似用梁端转角代替层间侧移角,通过图 2.4 得知:

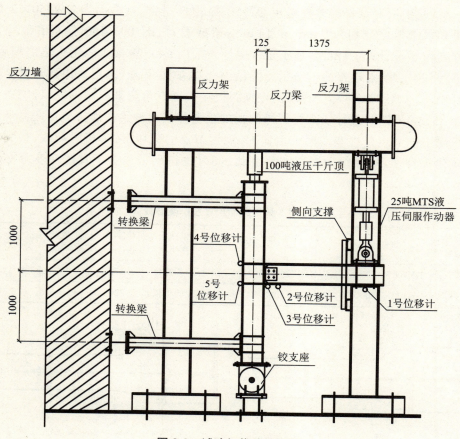

图 2.3　试验加载装置简图

$$\theta_b \approx \theta_c$$

式中，θ_b 为梁端转角，θ_c 为层间侧移角。

层间侧移角即为梁端加载点处位移与梁端加载点至柱中心距离的比值。

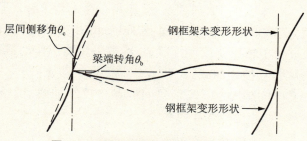

图 2.4　层间侧移角与梁端转角关系图

文献 [34] 具体加载过程如下（表 2.2）：试件加载过程按照层间侧移角 0.375%，0.5% 与 0.75% rad 下各加载 6 个循环，1% rad 加载 4 个循环，而 1.5%、2%、3% 及 4% rad 各加载 2 个循环，之后每增加 1% rad 都加载 2 个循环的加载方案。试验加载过程中，每一个加载循环持续 5 min，整个试验从加载到结束大约 3 小时完成。当梁自由端在往复荷载作用下，承载力降至最大荷载值的 85% 或者加载设备达到最大加载能力、无法安全加载时，停止继续加载，位移控制加载图如图 2.5 所示。

表 2.2　加载制度参数表

荷载步	位移幅值（mm）	循环圈数	层间侧移角 θ（% rad）
1	±5.63	6	0.375
2	±7.5	6	0.5
3	±11.25	6	0.75
4	±15	4	1.0
5	±22.5	2	1.5
6	±30	2	2.0
7	±45	2	3.0
8	±60	2	4.0
9	±75	2	5.0
10	±82.5	2	5.5
11	±90	2	6.0

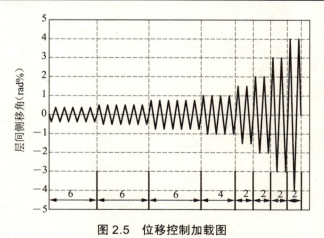

图 2.5　位移控制加载图

2.1.3 破坏形式

试验试件破坏形式[34]如图2.6所示。

 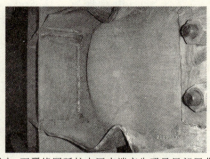

梁腹板与柱翼缘焊接处撕裂,梁上翼缘表面形成贯　　梁上、下翼缘圆弧扩大区末端产生明显局部屈曲,
通式半月形裂缝,梁上、下翼缘扩翼圆弧段有明显的　　梁腹板发生严重凸曲塑性破坏。
局部屈曲

　　　　（a）扩翼型节点（WFS-1）　　　　　　　　　（b）扩翼型节点（WFS-2）

图2.6　各试件破坏状态图

2.1.4 滞回曲线

4个试件均经历了低周反复荷载下的全过程试验,得到梁端荷载—位移曲线如图2.7所示。由图可见,翼缘扩大型节点试件 WFS-1、WFS-2、SPS-1 和 SPS-2 滞回曲线呈丰满的纺锤状,滞回环面积大,耗能能力强[34]。

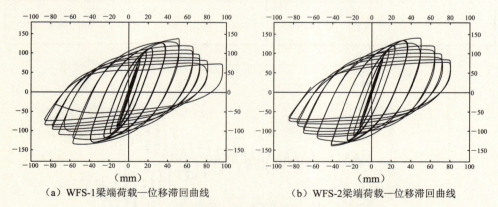

　　（a）WFS-1梁端荷载—位移滞回曲线　　　　（b）WFS-2梁端荷载—位移滞回曲线

图2.7　反复荷载作用下的荷载—位移滞回曲线

2.1.5 试验结果

通过对试验数据的分析,包括承载力、梁端塑性转角、位移延性系数等,得

到相关性能参数[34]，如表 2.3 所示。

表 2.3　试件试验结果

试件	极限荷载 P_u（kN）	屈服荷载 P_y（kN）	极限位移 Δ_u（mm）	屈服位移 Δ_y（mm）	塑性转角 θ_u（rad）	延性系数 μ
WFS-1	138.65	102.8	71.1	17.1	5.13	4.17
WFS-2	141.85	114.8	67.9	16.4	5.08	4.13

2.2　有限元模拟

2.2.1　单元类型的选择

ANSYS 具有非常齐全的单元库，为适应不同的分析需要，ANSYS 提供了 190 多种不同的单元类型。从普通的线单元、面单元、块体单元到特殊的接触单元、间隙单元以及表面效应单元等。用于结构静力分析的单元主要有梁单元（Beam3、Beam23 等），杆单元（Link8、Link1 等），管单元（Pipe16、Pipe20 等），2D 单元，3D 实体元（Solid45、Solid65、Solid95 等），壳单元（Shell43、Shell181 等），接触元（Target169、Target170、Surf171、Contact48、Contact52 等），等等。

常用的实体单元类型有 Solid45、Solid92、Solid185、Solid187 这几种。其中把 Solid45、Solid185 可以归为第一类，他们都是六面体单元，都可以退化为四面体和棱柱体，单元的主要功能基本相同（Solid185 还可以用于不可压缩超弹性材料）。Solid92、Solid187 可以归为第二类，他们都是带中间节点的四面体单元，单元的主要功能基本相同。六面体单元和带中间节点的四面体单元的计算精度都是很高的，他们的区别在于：一个六面体单元只有 8 个节点，计算规模小，但是复杂的结构很难划分出好的六面体单元，带中间节点的四面体单元恰好相反，不管结构多么复杂，总能轻易地划分出四面体，但是，由于每个单元有 10 个节点，总节点数比较多，计算量会增大很多。本书采用 3D 结构实体单元 Solid92、Solid92 单元有二次方位移，此单元由十个点定义，每个节点有三个自由度：节点 x、y 和 z 方向位移。并且单元有可塑性、蠕动、膨胀、应力刚化、大变形和大张力的能力。它能应用于不规则形状而没有精确度损失。

2.2.2　材料模型

钢材的本构关系采用线性强化弹塑性力学模型。为了更好反映实际情况下钢材屈服后的应力—应变关系，考虑了材料的强化性质，而且认为钢材是具有弹塑性线性强化的材料,因此这种近似的力学模型对钢材的模拟是足够准确的。同时假设受拉和受压时钢材的弹性模量相同。钢材的屈服强度根据材料试验和钢材标号进行选取。弹性模量 E 取 $2.06×10^5$ MPa。应力应变关系采用考虑强化和下降段的三折线模型,如图 2.8 所示。文献 [34] 材性试验的关键点数据如下:

$\sigma_y = 299.2\text{N/mm}^2$,$\varepsilon_y = 0.144\%$,$E = 2.06×$
10^5N/mm^2,$\sigma_u = 420.6 \text{N/mm}^2$,$\varepsilon_u = 18.0\%$,$\varepsilon_{st} =$
26.4%,泊松比为 0.3。计算时采用 Von Mises 屈服准则以及相关的流动准则、多线性随动强化准则,在弹性和弹塑性加载阶段均考虑几何非线性。

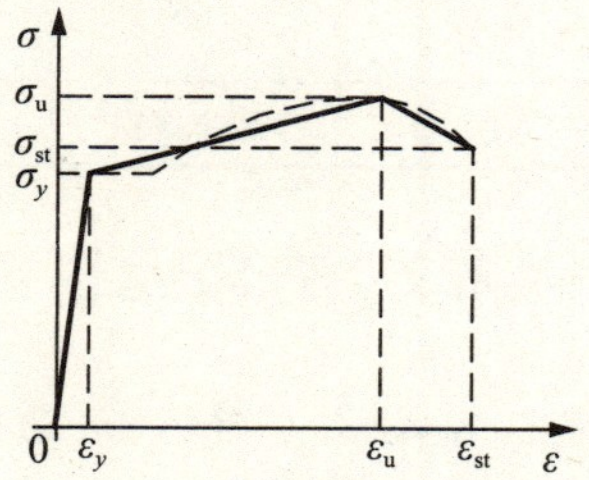

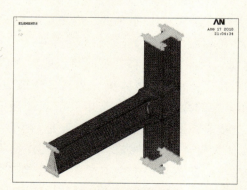

图 2.8 钢材应力—应变关系

2.3.3 有限元模型

本书在模型建立过程中,采用较高精度 Solid92 实体单元进行自由网格划为在施加约束时,对试件柱的上下端施加 x、y、z 三个方向的固定约束,在梁的自由端施加 x 方向的约束,梁端截面的所有节点进行 y 方向位移耦合,外力以位移的方式施加于耦合面的主节点上相当于梁的平面外约束。有限元模型如图 2.9 所示。分析中为了突出节点构造对节点性能的影响,忽略了高强螺栓和焊接残余应力的影响。

图 2.9 扩翼型节点

2.3.4 加载制度

目前常用的拟静力加载规则[39]主要有三种:位移控制加载、力控制加载、力—位移混合控制加载。

(1)位移控制加载是以加载过程的位移作为控制量,按照一定的位移增幅进行循环加载,有时是由小到大变幅值的,有时幅值是恒定的,有时幅值是大小混合的。只需一次性设置加载程序,减少试验过程中操作,简单易行;同时也容易确定试件的屈服状态。

(2)力控制加载模式是以每次循环的力幅值作为控制量进行加载的,由于试件屈服后难以控制加载荷载,所以此种加载方式较少单独使用。

(3)力—位移混合控制加载方式是首先以力控制进行加载,试件屈服后改用屈服位移控制。采用此种加载方式会造成试验过程中仅凭滞回曲线和现场观测难以精确界定试件屈服状态的缺陷,带有人为主观性因素,使各个试件的加载制度不一致,达不到对比性试验的理想效果。

文献[34]试验选用变幅值位移控制加载方式,克服了采用力控制及力—位移混合控制加载方式的缺点。故采用与文献[34]试验相同的加载方法,如表2.4所示。

表 2.4 加载制度

荷载级别	位移幅值(mm)	循环次数	层间侧移角(rad)
1	±5.63	6	0.00375
2	±7.5	6	0.005
3	±11.25	6	0.0075
4	±15	4	0.01
5	±22.5	2	0.015
6	±30	2	0.02
7	±45	2	0.03
8	±60	2	0.04
9	±75	2	0.05
10	±82.5	2	0.055
11	±90	2	0.06

2.3 有限元模型与试验试件破坏形态比较

2.3.1 有限元模型破坏形态

材料的应力状态通过 Von Mises 应力云图分析。扩翼型节点试件(WFS)在整个加载过程中分别经历了弹性阶段、弹塑性及塑性发展阶段(即塑性铰的形成发展阶段)、达到极限荷载至破坏阶段,以下按照梁端位移大小,分阶段讨论节点的破坏形态,如图 2.10 所示。

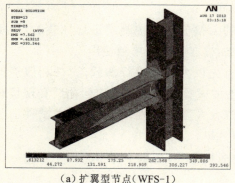
（a）扩翼型节点（WFS-1）

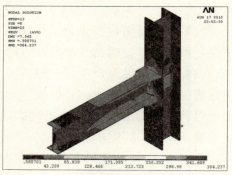
（a）扩翼型节点（WFS-2）

7.5 mm 时 Von Mises 应力云图

图 2.10　扩翼型节点试件在加载过程的 Von Mises 应力云图（a）

从 Von Mises 应力云图上可以看出:位移幅值为 7.5 mm 时试件弹性受力阶段,扩翼型节点最大应力出现在梁柱对接焊缝区域,扩翼端末端及柱节点域处无明显变化。

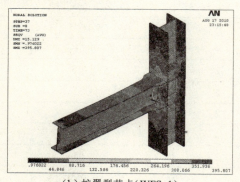
（b）扩翼型节点（WFS-1）

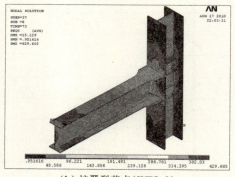
（b）扩翼型节点（WFS-2）

15 mm 时 Von Mises 应力云图

图 2.10　扩翼型节点试件在加载过程的 Von Mises 应力云图（b）

从 Von Mises 应力云图上可以看出:位移幅值为 15 mm 时试件弹塑性受力阶段,梁柱根部焊接处到扩翼段末端外一小段距离应力较大。

从 Von Mises 应力云图上可以看出:位移幅值为 30 mm 时是节点塑性铰形成阶段,扩翼型节点的扩翼圆弧末端腹板及梁柱连接焊缝处的腹板截面屈服,并且对应的翼缘进入钢材应变强化阶段,初步形成塑性铰。

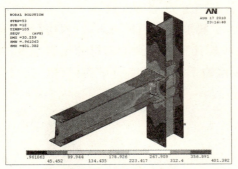

（c）扩翼型节点（WFS-1）　　　　　（c）扩翼型节点（WFS-2）

30 mm 时 Von Mises 应力云图

图 2.10　扩翼型节点试件在加载过程的 Von Mises 应力云图（c）

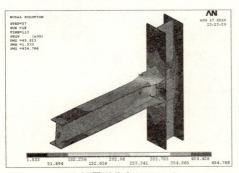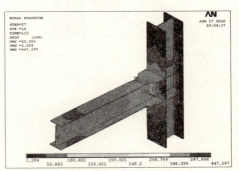

（d）扩翼型节点（WFS-1）　　　　　（d）扩翼型节点（WFS-2）

45 mm 时 Von Mises 应力云图

图 2.10　扩翼型节点试件在加载过程的 Von Mises 应力云图（d）

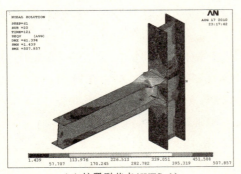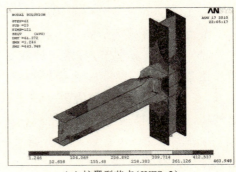

（e）扩翼型节点（WFS-1）　　　　　（e）扩翼型节点（WFS-2）

60 mm 时 Von Mises 应力云图

图 2.10　扩翼型节点试件在加载过程的 Von Mises 应力云图（e）

从 Von Mises 应力云图上可以看出：位移幅值为 45 mm 到 60 mm 时，梁端转角超过 0.03 rad 时，塑性铰区域不断扩大，扩翼型节点的扩翼末端与柱翼缘表面间的梁柱连接焊缝处附近所有的翼缘和腹板几乎都达到了钢材的屈服强度，并且出现明显的局部屈曲，同时，对应的腹板的下侧也出现明显的鼓曲。扩翼型节点梁上最大应力出现在扩翼圆弧末端位置。

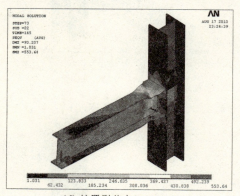 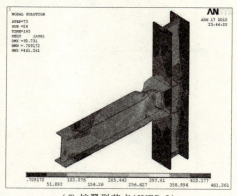

（f）扩翼型节点（WFS-1）　　　　　（f）扩翼型节点（WFS-2）

90 mm 时 Von Mises 应力云图

图 2.10　扩翼型节点试件在加载过程的 Von Mises 应力云图（f）

从 Von Mises 应力云图上可以看出：位移幅值为 90 mm 时，随着荷载的反复增加，扩翼段末端附近处的受压翼缘的局部屈曲变形不断发展，各试件的破坏形式表现为翼缘的局部屈曲而引起梁弯扭失稳，试件最终达到破坏。

2.3.2　试件破坏形式对比

由图 2.9 扩翼型节点的 Von Mises 应力云图的发展过程，可以观察、预测扩翼型节点的最终破坏形态。

（1）对于扩翼型节点，由于加载后期进入塑性阶段时，扩翼区段末端的应力增长迅速，远远超过梁柱连接处的应力，因此破坏时最先发生在圆弧扩翼末端区域，在该处由于翼缘和腹板上产生过大的局部变形及凸曲现象而发生局部失稳破坏，有限元模型与试验试件破坏对比，见图 2.11。

由图可以看出，有限元分析结果的受力破坏形态与试验结果完全相符，有限元分析具有可靠性。

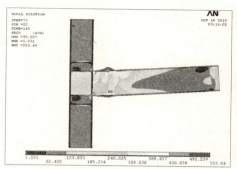

（a）扩翼型节点（WFS-1）塑性铰区域
形成——有限元分析结果

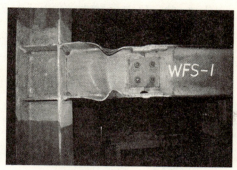

（a）扩翼型节点（WFS-1）塑性铰区域
形成——试验照片

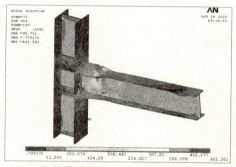

（b）扩翼型节点（WFS-2）塑性铰区域
形成——有限元分析结果

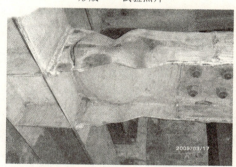

（b）扩翼型节点（WFS-2）塑性铰区域
形成——试验照片

图 2.11　试件破坏形式有限元分析与试验对比

2.4　应力分布

为了清楚了解扩翼型节点在静力荷载作用下各个部位的应力分布规律，ANSYS 有限元软件对 2 个试件（WFS-1、WFS-2），进行了如图 2.12 所示的 6 条应力路径的 Von Mises 应力计算。

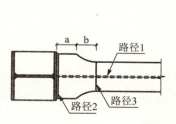
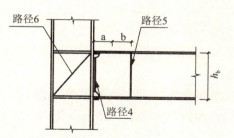

图 2.12　应力路径示意图

2.4.1 有限元弹性阶段应力分布

加载初期试件处于弹性阶段,取竖向位移为 2.684 mm 的子部作为分析试件弹性应力路径的阶段。

应力路径 1:该路径为梁翼缘上表面中部,沿梁长度方向。由于节点梁端翼缘的扩大对距离柱表面较远处的梁构件的受力影响较小,故在分析时,取距离柱表面 800 mm 的长度的应力分析,如图 2.13 所示。

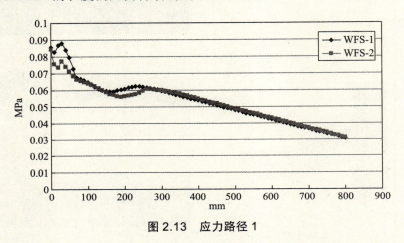

图 2.13　应力路径 1

各试件的应力峰值均出现在梁柱对接焊缝处;扩翼型节点应力分布沿梁长方向单调递减。另外还可以看出翼缘局部的加大影响节点附近的应力分布,对远处影响较小,在距离柱翼缘较远处,2 个扩翼节点的应力分布基本一致,沿梁长度基本呈直线分布。

应力路径 2:梁根部翼缘表面,垂直梁轴线,沿梁翼缘宽度方向。应力分布规律如图 2.14 所示。

在工字形截面梁柱的受力分析中,通常假定翼缘截面应力为均匀分布,但从图 2.13 可以看出梁翼缘截面的应力在弹性阶段分布并不均匀,2 个扩翼节点的应力分布图形状都是近似的"几"字形,中部的应力值高于翼缘截面的边缘,最大的 Von Mises 应力值出现在翼缘中部,故传统的平截面假定对于扩翼型节点不适用。

应力路径 3:该路径为梁翼缘表面,扩翼区段末端处,即距柱表面 170 mm 处(WFS-1)和距离柱表面 220 mm 处(WFS-2)。各试件在静力荷载下沿路径 3 的应力分布规律如图 2.15 所示。

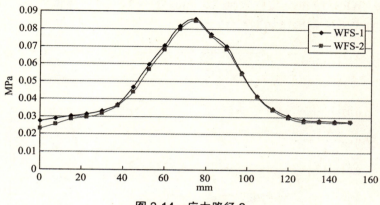

图 2.14　应力路径 2

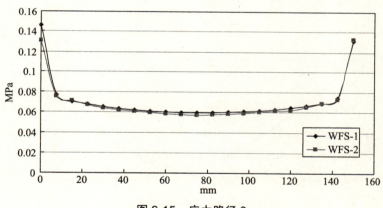

图 2.15　应力路径 3

　　扩翼型节点在梁翼缘中部应力分布均匀,两侧由于翼缘截面的改变而产生了较大应力,在翼缘两侧边缘产生的应力集中非常显著,两侧的最大应力值超过了中间处的两倍多,而这个部位通常为梁翼缘板对接焊缝的末端,所以在设计和施工中要予以重视。

　　应力路径 4:该路径为梁上下工艺焊接孔间对应的腹板位置,各试件在静力荷载下沿路径 4 的应力分布规律如图 2.16 所示。

　　扩翼型节点试件沿路径 4 的应力分布规律为腹板上下边缘应力值最大,中间部分应力值最小,呈 U 形分布。

应力路径 5：该路径为扩翼区段末端处对应的梁腹板位置，即距柱表面 170 mm 处（WFS-1）和距离柱表面 220 mm 处（WFS-2）。各试件在静力荷载下沿路径 5 的应力分布规律如图 2.17 所示。

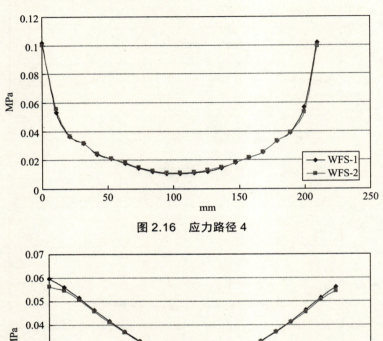

图 2.16　应力路径 4

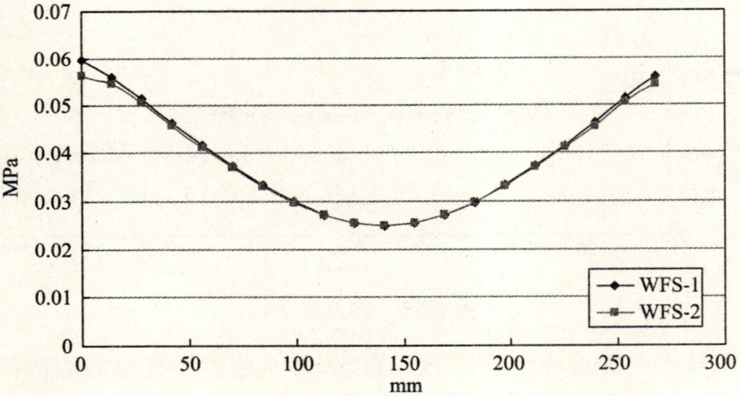

图 2.17　应力路径 5

试件处于弹性阶段，此时 2 个扩翼型节点试件沿路径 5 的应力分布规律基本一致，腹板上下边缘应力值最大，中间部分应力值最小，呈 U 形分布。

应力路径 6：节点域对角线方向，如图 2.18 所示，沿着路径 6 的方向 2 个扩翼型试件应力图可以看出，两种节点试件应力总体相差不大。均是在节点与上部应力最大，下部最小，但中间部分的应力呈 U 形分布。

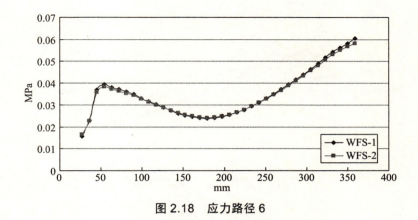

图 2.18　应力路径 6

2.4.2　有限元弹塑性阶段应力分布

为全面分析梁柱节点在弹塑性阶段的受力性能,在使用有限元计算时,对节点梁端所施加的位移必须达到一个足够的数值,使在满足该位移的时刻输出的有限元计算结果能较好地反映刚性节点在塑性阶段的受力情况。对刚性节点局部参数[41][42]的研究,根据 FEMA-267、267B[43][44]中对北岭地震后刚性节点设计的建议,梁端位移应该加至节点的塑性转角达到 0.03 rad。文献[36]和文献[37]中认为,钢框架结构的梁柱节点在遭遇抗震规范[45]中规定的罕遇地震(强烈地震)时,应具有良好的塑性变形能力,通过节点的塑性变形耗散地震动输入的能量,在节点失效或破坏之前,刚性节点应能至少发展 0.030 rad 的节点塑性转角,方能满足设计要求。

弹塑性分析时,在梁端施加大小为 90 mm 的位移,方向竖直向下。

应力路径 1:该路径为梁翼缘上表面中部,沿梁长度方向。由于节点局部翼缘的扩大对距离柱表面较远处的梁构件的受力影响较小,故在分析时,取距离主表面 800 mm 的长度的应力分析,如图 2.19 所示。

扩翼型试件 WFS-1、WFS-2 的 Von Mises 应力最大值分别位于梁上距离柱表面 190 mm、230 mm 处,高于节点对接焊缝附近的应力值,如图 2.18 所示。这说明,扩翼型节点有效地将最大应力移出脆弱的梁柱翼缘连接焊缝处,避开了梁柱连接受力的薄弱环节,有效地保护了梁柱间的对接焊缝,很好地实现了塑性铰的外移。

应力路径 2:梁根部翼缘表面,垂直梁轴线,沿梁翼缘宽度方向。应力分布规律如图 2.20 所示。

29

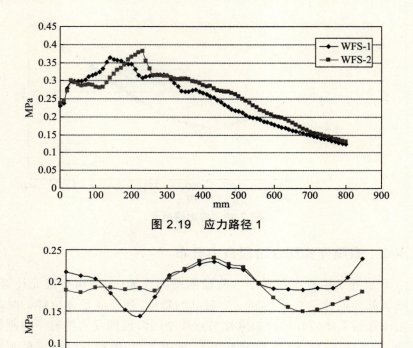

图 2.19 应力路径 1

图 2.20 应力路径 2

扩翼型节点梁翼缘内的应力分布并不均匀,扩翼型节点由于翼缘截面的适当加大,使得节点翼缘焊缝附近处的塑性得以充分发展,该处的应力一直可以维持在相对较低的应力水平,延迟了焊缝的开裂,增加了结构的延性。

应力路径 3:该路径为梁翼缘表面,扩翼区段末端处,即距柱表面 170 mm 处(WFS-1)和距离柱表面 220 mm 处(WFS-2)。各试件在静力荷载下沿路径 3 的应力分布规律如图 2.21 所示。

整个截面应力分布趋于均匀,但 WFS-1 试件在梁左侧应力有变化,WFS-2,右端有变化,但总体变化不大。可以看出应力集中已经不明显,扩翼型节点的塑性在该处得到充分发展。

应力路径 4:该路径为梁上下工艺焊接孔间对应的腹板位置,各试件在静力荷载下沿路径 4 的应力分布规律如图 2.22 所示。

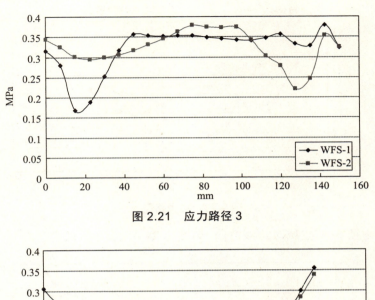

图 2.21　应力路径 3

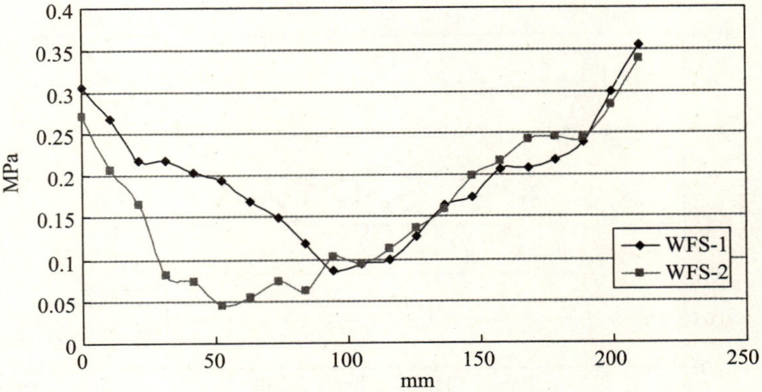

图 2.22　应力路径 4

　　应力沿梁腹板中部向两侧边缘发展,节点的最大应力值出现在腹板上、下边缘处,可以看出扩翼型节点由于梁翼缘截面的适当加强,不仅改善了梁柱翼缘连接焊缝处的受力状况,也改善了梁柱连接附近的腹板处的受力状况。

　　应力路径 5:该路径为扩翼区段末端处对应的梁腹板位置,即距柱表面 170 mm 处(WFS-1)和距离柱表面 220 mm 处(WFS-2)。各试件在静力荷载下沿路径 5 的应力分布规律如图 2.23 所示。

　　应力最大值在梁腹板边缘处,对于扩翼型节点沿梁腹板上下两侧大部分截面达到屈服,两种试件截面应力差距不大,材料塑性充分发展;可以看出扩翼型节点在扩翼区段末端沿腹板两侧向中部延伸至大部分截面应力较大,易于在此处先形成塑性铰并能够充分发展,避免结构的脆性破坏。

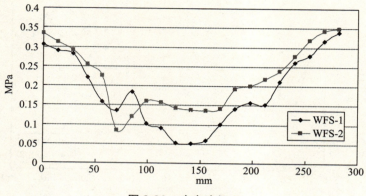

图 2.23　应力路径 5

应力路径 6：节点域对角线方向，如图 2.24 所示。

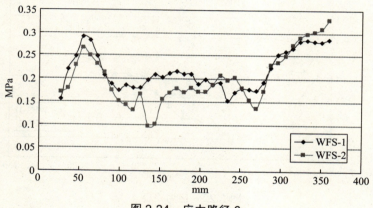

图 2.24　应力路径 6

沿着路径 6 的方向两种节点试件应力总体应力趋势相同，两个试件应力在横向加劲肋上边缘应力最大，中部较均匀，应为节点塑性铰的形成，梁上翼缘屈曲破坏，对节点域上部应力影响较大。

2.5　滞回曲线

循环荷载作用下，结构抗力与变形之间的关系曲线称为"滞回曲线"，结构或构件的滞回曲线可以表示为弯矩与转角、荷载与位移或应力与应变的关系[46]。通过分析"滞回曲线"，可充分了解结构或构件在循环荷载作用下的刚度、延性、耗能能力等力学性能。滞回曲线越丰满，表明试件消耗地震能量的能力越强,抗震性能越好。

　　滞回曲线是对结构抗震性能评价的主要依据,滞回曲线越丰满,试件的耗散地震能量的能力越强,抗震性能越好。图 2.25 给出了扩翼连接试件 WFS-1、WFS-2 有限元及试验试件的梁端加载点在反复荷载作用下的荷载—位移滞回曲线。

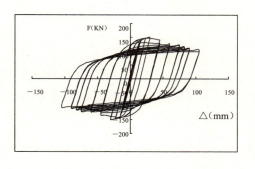
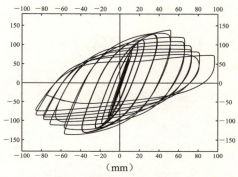

（a）WFS-1梁端荷载—位移滞回曲线——有限元分析　（a）WFS-1梁端荷载—位移滞回曲线——试验结果

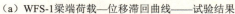
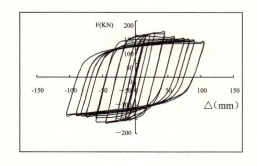
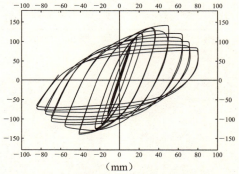

（b）WFS-2梁端荷载—位移滞回曲线——有限元分析　（b）WFS-2梁端荷载—位移滞回曲线——试验结果

图 2.25　反复荷载作用下的荷载—位移滞回曲线

　　通过对比可以看到试验得到的试件滞回曲线与有限元模拟得到的试件滞回曲线非常吻合,两个试件有限元模拟结果与试验结果得到的曲线都非常饱满,在所得到的滞回曲线上都体现出了明显的荷载下降与刚度退化现象,试验试件因为试验中加载不充分,造成滞回曲线绘制不完善,与有限元模拟比较起来显得不饱满。观察发现,在线弹性阶段,试验与有限元模拟曲线基本重合,说明建模过程中对材料弹性模量的选择可以反映出钢材实际弹性模量,当节点材料进入弹塑性状态后二者才逐渐分离,试验得到的滞回曲线荷载下降更为迅速,表现出了更明显的节点刚度退化。在二者的对比中,发现有限元模拟得到的滞回曲线可将试验得到的滞回曲线包罗其中,这与有限元模拟中材料处于理想状态有关,造成模拟得到的曲线其饱满程度更大,性能也更加稳定。试验曲线与模拟曲线的一致性说明,有限元模拟时所选用的材料本构关系及模拟时采用的单元类型等一系列设置均与实际较为符合,同时也验证了前期试验的有效性与成功。

2.6 骨架曲线

骨架曲线是每一级循环的滞回曲线上峰值点的包络线,是抗震性能的另一个重要依据,它综合反映了模型在反复加载过程中的受力变形关系,如图 2.26 所示。

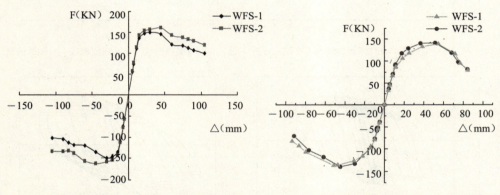

（a）扩翼型连接节点骨架曲线——有限元分析　　（b）扩翼型连接节点骨架曲线——试验结果

图 2.26　循环加载下的骨架曲线

通过对比试验得到的试件骨架曲线与有限元分析得到的骨架曲线可以发现以下规律:① 扩翼型节点的骨架曲线都表现出了良好的塑性变形能力,梁端扩大型节点都能将塑性铰由梁柱连接根部的焊缝转移到外侧的区域。② 2 个试件骨架曲线试验值与模拟值相差不大,说明有限元模型模拟结果能够很好地满足试验模拟需要。③ 在线弹性阶段,试验值与模拟值基本重合,并且相差不大;当节点发生屈服后,试验值与模拟值逐渐偏离,说明有限元模型在弹塑性阶段对节点受力性能的模拟存在误差,这是由于有限元模型在建模过程中,忽略了节点焊接残余应力、构件初始偏心、焊接热影响的因素,使节点材料进入弹塑性阶段后,有更好的受力性能。④ 有限元模拟值普遍比试验值高,2 个试件中有限元模拟得到的骨架曲线普遍都在试验值外侧,这同样是因为建模过程中对残余应力、焊接热影响、构件初始缺陷忽略造成的。

2.7　节点试件的承载能力及延性性能验证及分析

承载力和延性系数是衡量结构或构件抗震性能的重要指标。延性系数 μ 是指节点极限位移与屈服位移的比值,表征延性能力的参数,结构或构件的延性系数越大,表示其耗散地震能量和承受变形的能力越强、抗震性能越好。节点延性系数取 3.0 较为合适,既能保证节点塑性的充分发挥,又能保证节点具有足够的承载力和刚度,可采用“通用屈服弯矩法”可以确定骨架曲线上的屈服点[47]。具体做法是将骨架线弹性段直线延长,与过峰值点的水平线的相交,从交点做垂线,与骨架曲线的交点作为屈服点。取曲线下降段中 $0.85P_u$ 对应的点为极限点,得到各试件屈服荷载、极限荷载及延性系数有限元计算值,如图 2.27 所示,并与试验结果进行对比,分别如表 2.5、表 2.6 所示。

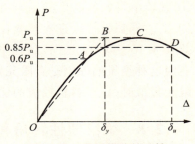

图 2.27　屈服位移的计算

表 2.5　试件承载力有限元计算值与试验值对比

试件编号	屈服荷载			极限荷载		
	有限元计算值（kN）	试验值（kN）	误差（%）	有限元计算值（kN）	试验值（kN）	结果差别（%）
WFS-1	123.20	102.80	19.84	149.29	138.65	7.67
WFS-2	142.35	114.80	23.98	161.13	141.85	13.59

表 2.6　试件延性系数有限元计算值与试验值对比

试件	屈服位移 δ_y（mm）			极限位移 δ_u（mm）			延性系数 μ		
	计算值	试验值	误差%	计算值	试验值	误差%	计算值	试验值	误差%
WFS-1	16.62	17.10	2.81	69.51	71.10	2.23	4.18	4.17	0.20
WFS-2	16.26	16.40	0.01	67.48	67.90	0.01	4.15	4.13	0.40

通过对比承载力、延性系数的试验值与模拟值可以发现:① 从表 2.5、表 2.6

中的比较来看,扩翼型节点的屈服荷载、极限荷载及延性系数的有限元计算值与试验值比较接近,因此对于扩翼型节点用 ANSYS 来分析是可靠的。② 试件的屈服荷载和极限荷载的有限元模拟值比试验值大,主要是由于 ANSYS 软件中对于焊缝难以模拟,且试验试件在加工中存在钢材材质不非常均匀,节点焊接残余应力、构件初始偏心、焊接热,加工误差等因素,而 ANSYS 软件中难以模拟这些因素造成。并且试件的承载力都随着梁翼缘扩大段长度的增大,呈现增大趋势。③ 两个试件的屈服位移比有限元模拟得到的屈服位移要大,由于模拟时得到的骨架曲线在试验得到的骨架曲线外侧,因此同样的外力对应的位移试验值较大。④ 试验中得到的两个试件的极限位移与有限元模拟得到的极限位移相差不大。⑤ 试验得到的节点延性系数在 4.13 ~ 4.17 之间;而有限元模拟得到的延性系数在 4.15 ~ 4.18 之间,延性系数都大于 4.0,两个试件模拟值都大于试验值。造成这种结果的原因是有限元建模过程中,钢材材料性能较为理想化,因此在有限元模拟时,由于材料性能的保证,使节点具有了更大的延性。

2.8　梁段塑性转角和总转角

梁柱连接的塑性转角是评价连接耗能性能的重要指标,塑性转角 θ_p 和总转角 θ_u 的计算方法 [48] 为

$$\theta_u = \delta_0 / l_0 \tag{2-1}$$

$$\theta_p = \frac{\delta_0 - \delta_e}{l_0} \tag{2-2}$$

$$\delta_e = \frac{P l_0^3}{3EI} \tag{2-3}$$

式中,δ_0——加载点位移;

l_0——梁加载端到柱形心的距离;

δ_e——由弹性变形引起的梁端位移;

P——梁端荷载。

利用公式(2-1)及公式(2-2)将各个试件的塑性转角和总转角计算列于表 2.7。

表 2.7　梁塑性转角和总转角

试件编号	试验值		有限元值	
	WFS-1	WFS-2	WFS-1	WFS-2
θ_p(% rad)	3.68	3.64	3.85	3.70

试件编号	试验值		有限元值	
	WFS-1	WFS-2	WFS-1	WFS-2
θ_u (% rad)	5.13	5.08	5.15	5.09
θ_p/θ_u (%)	71.73	71.65	74.67	72.67

通过比较可知,节点的塑性转角及总转角均超过了 3% rad 和 5% rad,满足了抗震性能最低标准[39]。试件随着扩翼段长度变长,塑性转角逐渐减小,塑性转角占总转角的比例也逐渐减小,耗能能力逐渐降低。即扩翼型节点中扩翼段长度越短,节点耗散能力会稍强。并且采用了梁端扩翼型梁柱连接后塑性转角在总转角中所占的比重是较大大的,故采用梁端扩翼型梁柱连接的耗散能量比较有效。

2.9　本章小结

本章运用通用有限元软件 ANSYS 对试验中测试的两个试件进行了三维非线性有限元分析,并与试验结果进行对比,得到如下结论。

（1）采用 ANSYS 有限元方法有效地模拟出 2 个试件的滞回曲线和骨架曲线的各个阶段,计算得出的屈服荷载、极限荷载和延性系数及破坏形态与试验结果有一定误差,这主要是由于 ANSYS 软件中对焊缝难以模拟,且试验试件在加工中存在钢材材质不均匀,ANSYS 软件难以模拟节点焊接残余应力、构件初始偏心、焊接热、加工误差等因素造成,故导致有限元分析结果与试验结果存在一定的误差。但误差并不大,所以模型中选取的单元类型材料本构关系是合理的,同时进一步明确了扩翼型节点的在循环荷载作用下的工作性能,可以为工程的设计提供借鉴和依据,

（2）通过对试件模型进行有限元分析,可以获得加载过程中节点塑性铰形成发展的整个过程。梁翼缘扩大型节点在塑性铰的形成过程中,在弹性阶段最大应力位于梁柱连接对接焊缝处,进入塑性后,最大应力逐渐由焊缝处转移至梁翼缘扩翼段末端外,并在扩翼段末端位置向腹板中心逐步延伸,最终在此处发展形成塑性铰,远离梁柱连接面这一薄弱环节,有效保护了焊缝,并且塑性铰形成的区域大,转动能力及耗能能力强。

（3）通过对梁柱连接焊缝处的梁翼缘的应力路径分析可以看出,梁柱连接

附近处梁翼缘截面的沿梁宽度方向的应力在弹性阶段及弹塑性发展阶段的分布并不均匀,弹性阶段 2 个扩翼节点的应力分布图形状都是近似的"几"字形,中部的应力值高于翼缘截面的边缘,塑性阶段也是 Von Mises 应力值出现在翼缘中部,故传统的平截面假定对于扩翼型节点不适用。对模型节点梁上下工艺焊接孔间对应的腹板位置处的应力路径有限元分析可以看出,在加载初期的弹性阶段,两个扩翼型节点试件高度的应力分布规律基本一致,腹板上下边缘应力值最大,中间部分应力值最小,呈 U 形分布,各节点试件的应力曲线基本重合,随着荷载的增加,各试件应力亦随着不断增加,应力沿梁腹板两侧边缘向中部发展。

第 3 章

梁翼缘侧板加强型节点试验与有限元分析

3.1 侧板加强型节点试验

3.1.1 试件设计

为验证本书建立的有限元模型对模拟梁端翼缘扩翼型节点在低周反复荷载作用下的性能分析的准确性及适用性,选取了高鹏等人[34]的试验进行验证。

日本于 2001 年 1 月颁布的《钢构造结合部设计指针》[30]规定:梁翼缘端部用侧板加宽时,加宽部分的长度宜为梁高的 $1/2 \sim 3/4$。故试验中侧板加强型连接节点(SPS-1, SPS-2)侧板长度 $l_c = (1/2 \sim 3/4)h_b$,其中 h_b 为钢梁高度,加强侧板末端宽度为 $(2t_f + 6)$ mm,t_f 为梁翼缘板厚度。本次试验试件的梁翼缘厚度为 9 mm,加强侧板末端宽度取整为 25 mm;如图 3.1 所示。

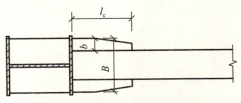

图 3.1 梁端翼缘侧板加强型节点

试验中按真实结构尺寸的 1:2 的比例,共设计 2 个梁端翼缘侧板加强型节点(SPS-1、SPS-2)试件的梁柱截面尺寸及扩翼参数见表 3.1。试验中所有试件的梁柱选用 Q235B 热轧 H 形钢,柱截面为 HW250×250,腹板和翼缘厚度分别为 9 mm 和 14 mm;梁截面为 HN300×150,腹板和翼缘厚度分别为 6.5 mm 和 9 mm。加工过程中焊条采用 E43 型,梁翼缘用火焰切割后,再进行打磨。节点连接的构造示意图见图 3.2,参照我国《高层民用建筑钢结构技规程》(JGJ99-98)[38]的规定将梁腹板端头上下角切割成扇形缺口,切口半径为35 mm。

表 3.1　试件截面尺寸及扩翼参数

试件编号	梁截面尺寸	柱截面尺寸	梁柱连接类型	扩翼长度(mm)	扩翼宽度(mm)	节点类型
SPS-1	HN300×150×6.5×9	HW250×250×9×14	栓焊连接	170	40	翼缘侧板加强型
SPS-2	HN300×150×6.5×9	HW250×250×9×14	栓焊连接	220	50	翼缘侧板加强型

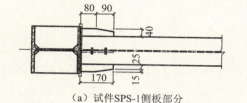 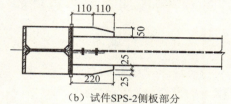

（a）试件SPS-1侧板部分　　　　　　（b）试件SPS-2侧板部分

图 3.2　节点连接的构造示意图

3.1.2　破坏形式

试件的加载制度和扩翼型的相同,试验试件波坏形式[34]如图 3.3 所示。

侧板端部梁翼缘横向开裂,梁翼缘有明显局部屈曲,腹板出现微小凸曲塑性破坏。

焊接侧板端部梁下翼缘沿梁宽撕裂,梁上、下翼缘在焊接侧板末端外产生明显的局部屈曲,梁腹板发生凸曲,塑性破坏

（a）侧板加强型节点(SPS-1)　　　（b）侧板加强型节点(SPS-2)

图 3.3　各试件破坏状态图

3.1.3　滞回曲线

试件均经历了低周反复荷载下的全过程试验,得到梁端荷载—位移曲线如图 3.4 所示。由图可见,侧板加强型节点试件 SPS-1 和 SPS-2 滞回曲线呈丰满的纺锤状,滞回环面积大,耗能能力强[34]。

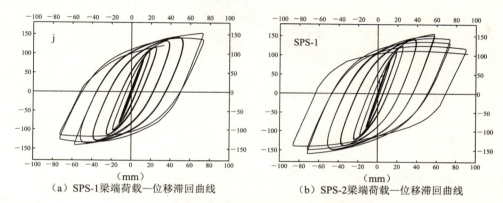

（a）SPS-1梁端荷载—位移滞回曲线　　　（b）SPS-2梁端荷载—位移滞回曲线

图 3.4　反复荷载作用下的荷载—位移滞回曲线。

3.1.4　试验结果

通过对试验数据的分析,包括承载力、梁端塑性转角、位移延性系数等,得到相关性能参数[34],如表 3.2 所示。

表 3.2　试件试验结果

试件	极限荷载 P_u(kN)	屈服荷载 P_y(kN)	极限位移 Δ_u(mm)	屈服位移 Δ_y(mm)	塑性转角 θ_u(rad)	延性系数 μ
SPS-1	153.73	115.2	83.4	20.8	5.32	4.00
SPS-2	157.95	124.5	86.5	23.1	5.29	3.75

3.2　有限元模型

本文在模型建立过程中,单元类型、材料类型和加载制度的选择与第二章相同。模型采用较高精度 Solid92 实体单元进行自由网格划分,在施加约束时,对试件柱的上下端施加 x,y,z 三个方向的固定约束,在梁的自由端施加 x 方向的约束,梁端截面的所有节点进行 y 方向位移耦合,外力以位移的方式施加于耦合面的主节点上相当于梁的平面外约束。有限元模型如图 3.5 所示。

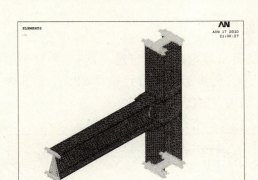

图 3.5　梁翼缘侧板加强型节点有限元模型图

　　分析中为了突出节点构造对节点性能的影响,忽略了高强螺栓和焊接残余应力的影响。

3.3　有限元模型与试验试件破坏形态比较

3.3.1　破坏形态

　　材料的应力状态通过 Von Mises 应力云图分析。侧板加强型连接节点试件SPS 系列)在整个加载过程中分别都经历了弹性阶段、弹塑性及塑性发展阶段(即塑性铰的形成发展阶段)、达到极限荷载至破坏阶段,以下按照梁端位移大小,分阶段讨论节点的破坏形态,如图 3.6 所示。

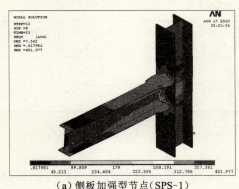

（a）侧板加强型节点（SPS-1）　　　　　　（a）侧板加强型节点（SPS-2）

7.5 mm 时 Von Mises 应力云图

图 3.6　扩翼连接节点试件在加载过程的 Von Mises 应力云图（a）

　　从 Von Mises 应力云图上可以看出:位移幅值为 7.5mm 时试件弹性受力阶段,侧板加强型节点最大应力出现在梁柱对接焊缝区域,加强版末端及柱节点域处无明显变化。

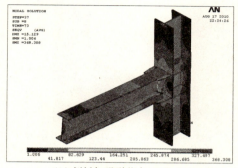
（b）侧板加强型节点（SPS-1）

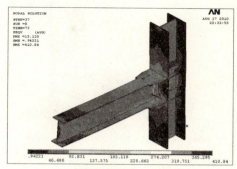
（b）侧板加强型节点（SPS-2）

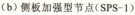
15 mm时 Von Mises 应力云图

图 3.6　扩翼连接节点试件在加载过程的 Von Mises 应力云图（b）

从 Von Mises 应力云图上可以看出：位移幅值为 15 mm 时试件弹塑性受力阶段，梁柱根部焊接处到加强板末端外一小段距离应力较大。

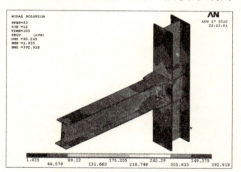
（c）侧板加强型节点（SPS-1）

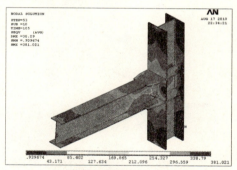
（c）侧板加强型节点（SPS-2）

30 mm 时 Von Mises 应力云图

图 3.6　扩翼连接节点试件在加载过程的 Von Mises 应力云图（c）

从 Von Mises 应力云图上可以看出：位移幅值为 30mm 时是节点塑性铰形成阶段，侧板加强型节点的加强板末端腹板及梁柱连接焊缝处的腹板截面屈服，并且对应的翼缘进入钢材应变强化阶段，形成塑性铰。

从 Von Mises 应力云图上可以看出：位移幅值为 45 mm 到 60 mm 时，梁端转角超过 0.03 rad 时，塑性铰区域不断扩大，侧板加强型节点的加强板末端与柱翼缘表面间的梁柱连接焊缝处附近所有的翼缘和腹板几乎都达到了钢材的屈服强度，并且出现明显的局部屈曲，同时，对应的腹板的下侧也出现明显的鼓曲。侧板加强型节点梁上最大应力出现在加强板末端位置。

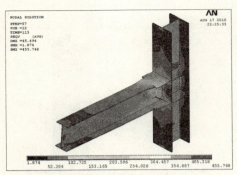 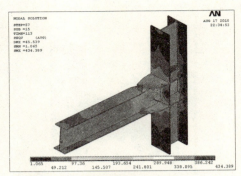

（d）侧板加强型节点（SPS-1）　　　　　（d）侧板加强型节点（SPS-2）

45 mm 时 Von Mises 应力云图

图 3.6　扩翼连接节点试件在加载过程的 Von Mises 应力云图（d）

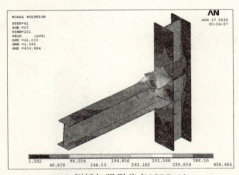

（e）侧板加强型节点（SPS-1）　　　　　（e）侧板加强型节点（SPS-2）

60 mm 时 Von Mises 应力云图

图 3.6　扩翼连接节点试件在加载过程的 Von Mises 应力云图（e）

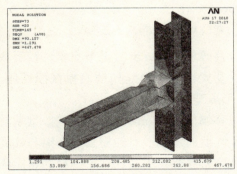 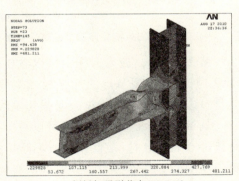

（f）侧板加强型节点（SPS-1）　　　　　（f）侧板加强型节点（SPS-2）

90 mm 时 Von Mises 应力云图

图 3.6　扩翼连接节点试件在加载过程的 Von Mises 应力云图（f）

从 Von Mises 应力云图上可以看出：位移幅值为 90 mm 时，随着荷载的反复增加，加强板末端附近处的受压翼缘的局部屈曲变形不断发展，各试件的破坏形式表现为翼缘的局部屈曲而引起梁弯扭失稳，试件最终达到破坏。

3.3.2　试件破坏形式及对比

由图 3.6 侧板加强型节点的 Von Mises 应力云图的发展过程，可以观察、预测翼缘侧板加强型节点的最终破坏形态。见图 3.7。

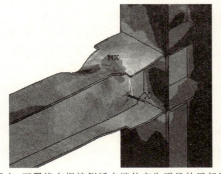

梁上、下翼缘在焊接侧板末端外产生明显的局部屈曲，梁腹板发生凸曲，塑性破坏，焊接侧板端部，未产生裂缝。

（a）梁端翼缘侧板加强型节点（SPS-1）塑性铰区域
形成——有限元分析结果

焊接侧板端部梁下翼缘沿梁宽撕裂，梁上、下翼缘在焊接侧板末端外产生明显的局部屈曲，梁腹板发生凸曲，塑性破坏。

（a）梁端翼缘侧板加强型节点（SPS-1 塑性铰区域
形成——试验照片

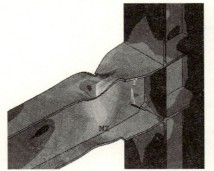

梁上、下翼缘在焊接侧板末端外产生明显的局部屈曲，腹板出现凸，曲塑性破坏。侧板端部未出现裂缝。

（b）梁端翼缘侧板加强型节点（SPS-2）塑性铰区域
形成——有限元分析结果

侧板端部梁翼缘横向开裂，梁翼缘有明显局部屈曲，腹板出现微小凸曲塑性破坏。

（b）梁端翼缘侧板加强型节点（SPS-2）塑性铰区域
形成——试验照片

图 3.7　有限元分析与试验对比

由图可以看出，有限元分析结果的受力破坏形态与试验结果较相符，侧板加强型节点,发生侧板末端区域梁翼缘和腹板的局部失稳破坏,并且翼缘侧板末端截面变化比较急剧,容易在该处产生较大的应力集中,试验试件出现裂缝,但有限元模型破坏形态却未出现裂缝,这是由于有限元模型建立忽略了节点焊接残余应力、构件初始偏心、焊接热影响的因素影响。

3.4 应力分布

3.4.1 有限元弹性阶段应力分布对比

为了清楚侧板加强型节点在静力荷载作用下各个部位的应力分布规律,ANSYS 有限元软件对 2 个试件(SPS-1、SPS-2),进行了沿图 3.8 所示的 6 条应力路径的 Von Mises 应力计算。

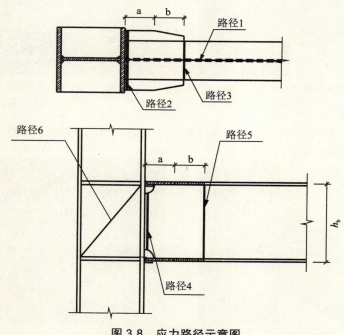

图 3.8　应力路径示意图

加载初期试件处于弹性阶段,取竖向位移为 2.684mm 的子部作为分析试件弹性应力路径的阶段。

应力路径 1:该路径为梁翼缘上表面中部,沿梁长度方向。由于节点局部翼缘的扩大对距离柱表面较远处的梁构件的受力影响较小,故在分析时,取距离主表面 800 mm 的长度的应力分析,如图 3.9 所示。

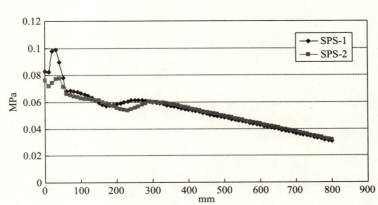

图 3.9　应力路径 1

　　各试件的应力峰值均出现在梁柱对接焊缝处;侧板加强型节点应力分布沿梁长方向单调递减。另外还可以看出翼缘局部的加大影响节点附近的应力分布,对远处影响较小,在距离柱翼缘较远处 2 个侧板加强型节点的应力分布基本一致,沿梁长度基本呈直线分布。

　　应力路径 2:梁根部翼缘表面,垂直梁轴线,沿梁翼缘宽度方向。应力分布规律如图 3.10 所示,由图中可以看出侧板加强型节点沿路径 2 的应力成"几"字形分布,翼缘中间应力值远远高于边缘的应力。

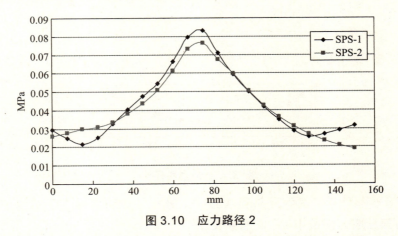

图 3.10　应力路径 2

　　应力路径 3:该路径为梁翼缘表面,扩翼区段末端处,即距柱表面 170 mm 处(SPS-1)和距离柱表面 220 mm 处(SPS-2)。各试件在静力荷载下沿路径 3 的应力分布规律如图 3. 11 所示。

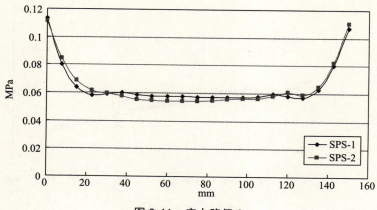

图 3.11　应力路径 3

　　侧板加强型节点在梁翼缘中部应力分布均匀,两侧由于翼缘截面突变程度较大而产生了较大应力集中,两侧的最大应力值超过了中间处的两倍多,而这个部位通常为梁翼缘板对接焊缝的末端,所以在设计和施工中要予以重视。

　　应力路径 4:该路径为梁上下工艺焊接孔间对应的腹板位置,各试件在静力荷载下沿路径 4 的应力分布规律如图 3.12 所示。

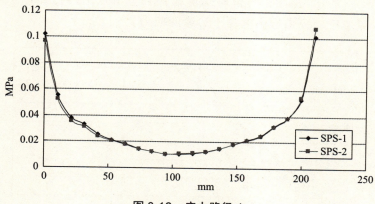

图 3.12　应力路径 4

　　侧板加强型节点试件沿路径 4 的应力分布规律为腹板上下边缘应力值最大,中间部分应力值最小,呈 U 形分布。

　　应力路径 5:该路径为侧板加强区段末端处对应的梁腹板位置,即距柱表面 170 mm 处(SPS-1)和距离柱表面 220 mm 处(SPS-2)。各试件在静力荷载下沿路径 5 的应力分布规律见图 3.13 所示。

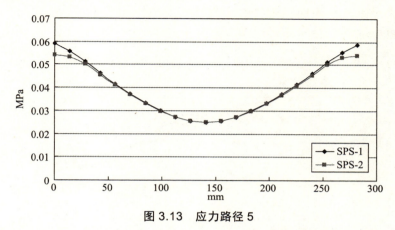

图 3.13　应力路径 5

　　试件处于弹性阶段,此时 2 个扩翼型节点试件沿路径 5 的应力分布规律基本一致,腹板上下边缘应力值最大,中间部分应力值最小,呈 U 形分布。

　　应力路径 6:节点域对角线方向,如图 3.14 所示。

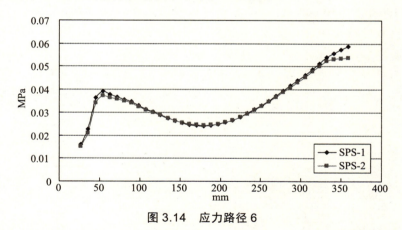

图 3.14　应力路径 6

　　沿着路径 6 的方向 2 个侧板加强型试件应力图可以看出,两种节点试件应力总体相差不大。均是在节点与上部应力最大,下部最小,但中间部分的应力呈 U 形分布。

3.4.2　有限元弹塑性阶段应力分布

　　在弹塑性分析时,在梁端施加大小为 90 mm 的位移,方向竖直向下。

应力路径 1：该路径为梁翼缘上表面中部，沿梁长度方向。由于节点局部翼缘的扩大对距离柱表面较远处的梁构件的受力影响较小，故在分析时，取距离主表面 800 mm 的长度的应力分析，如图 3.15 所示。

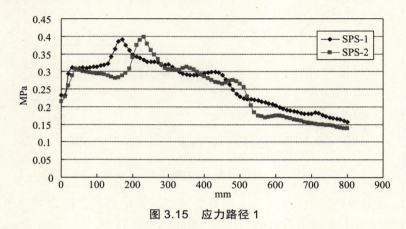

图 3.15　应力路径 1

侧板加强型试件 SPS-1、SPS-2 的 Von Mises 应力最大值分别位于梁上距离柱表面 190 mm、230 mm 处，高于节点对接焊缝附近的应力值，这说明，侧板加强型节点有效地将最大应力移出脆弱的梁柱翼缘连接焊缝处，避开了梁柱连接受力的薄弱环节，有效地保护了梁柱间的对接焊缝，很好地实现了塑性铰的外移。

应力路径 2：梁根部翼缘表面，垂直梁轴线，沿梁翼缘宽度方向。应力分布规律如图 3.16 所示。

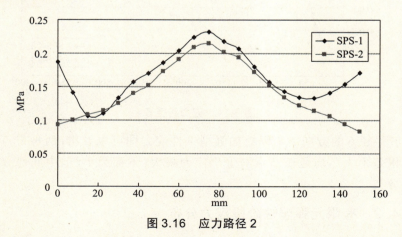

图 3.16　应力路径 2

可以看出 2 个侧板加强型节点路径 2 的应力分布图形状都是近似的"几"

字形,中部的应力值高于翼缘截面的边缘,而且 SPS-1 试件梁翼缘梁的应力呈变大趋势,2 个试件最大的 Von Mises 应力值并不均匀。最大值出现在翼缘中部。

　　应力路径 3:该路径为梁翼缘表面,加强侧板区段末端处,即距柱表面 170 mm 处(SPS-1)和距离柱表面 170 mm 处(SPS-2)。各试件在静力荷载下沿路径 3 的应力分布规律如图 3.17 所示。

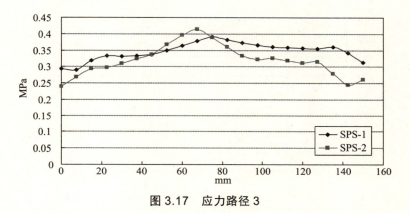

图 3.17　应力路径 3

　　整个截面应力分布趋于均匀,总体变化不大,可以看出应力集中已经不明显,侧板加强型节点的塑性在此处得到充分发展。

　　应力路径 4:该路径为梁上下工艺焊接孔间对应的腹板位置,各试件在静力荷载下沿路径 4 的应力分布规律如图 3.18 所示。

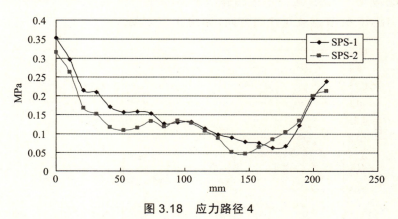

图 3.18　应力路径 4

　　2 个试件应力沿梁腹板中部向两侧边缘发展,节点的最大应力值出现在腹板上、下边缘处,但应力幅值都不大,可以看出侧板加强型节点由于梁翼缘截面的适当加强,不仅改善了梁柱翼缘连接焊缝处的受力状况,同时减小了梁柱连接腹板处的 Von Mises 的应力,也改善了梁柱连接附近的腹板处的受力状况。

应力路径 5:该路径为加强区段末端处对应的梁腹板位置,即距柱表面 170 mm 处(SPS-1)和距离柱表面 220 mm 处(SPS-2)。各试件在静力荷载下沿路径 5 的应力分布规律如图 3.19 所示。

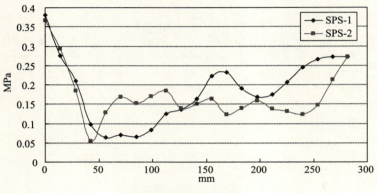

图 3.19　应力路径 5

应力最大值在腹板边缘处,对于侧板加强型节点沿梁腹板上下两侧大部分截面达到屈服,截面应力差距逐渐缩小,材料塑性充分发展;可以看出侧板加强区段末端沿腹板两侧向中部延伸至大部分截面应力较大,易于在此处先形成塑性铰并能够充分发展,避免结构的脆性破坏。

应力路径 6:节点域对角线方向,如图 3.20 所示。

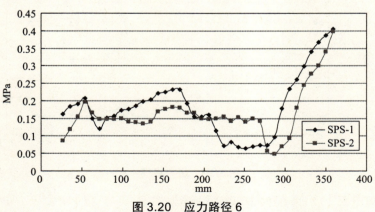

图 3.20　应力路径 6

沿着路径 6 的方向两个试件在腹板中间区段趋于平缓均匀,在横向加劲肋上边缘应力突然变大,应为节点塑性铰的形成对节点域上部应力影响较大。

3.5　滞回曲线

图 3.21 给出了翼缘侧板加强型连接试件 SPS-1、SPS-2 有限元及试验试件的梁端加载点在反复荷载作用下的荷载—位移滞回曲线。

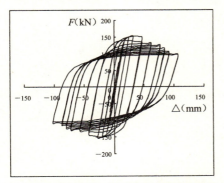

（a）SPS-1梁端荷载—位移滞回曲线有限元分析

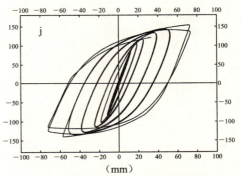

（a）SPS-1梁端荷载—位移滞回曲线试验结果

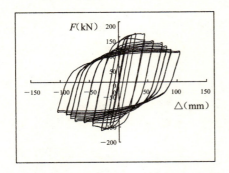

（b）SPS-2梁端荷载—位移滞回曲线有限元分析

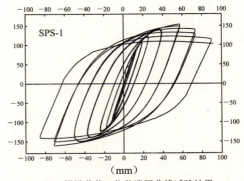

（b）SPS-2梁端荷载—位移滞回曲线试验结果

图 3.21　反复荷载作用下的荷载—位移滞回曲线

通过对比可以看到试验得到的试件滞回曲线与有限元模拟得到的试件滞回曲线非常吻合,试件有限元模拟结果与试验结果得到的曲线都非常饱满,在所得到的滞回曲线上都体现出了明显的荷载下降与刚度退化现象,试验试件因为试验中加载不充分,造成滞回曲线绘制不完善,与有限元模拟比较起来显得不饱满。观察发现,在线弹性阶段,试验与有限元模拟曲线基本重合,说明建模过程中对材料弹性模量的选择可以反映出钢材实际弹性模量,当节点材料进入弹塑性状态后二者才逐渐分离,试验得到的滞回曲线荷载下降更为迅速,表现出了更明显的节点刚度退化。在二者的对比中,发现有限元模拟得到的滞回曲线可将试验得到的滞回曲线包罗其中,这与有限元模拟中材料处于理想状态有关,造成模拟得到的曲线其饱满程度更大,性能也更加稳定。试验曲线与模拟曲线的一致性说明,有限元模拟时所选用的材料本构关系及模拟时采用的单元类型等一系列设置均与实际较为符合,同时也验证了前期试验的有效性与成功。

3.6　骨架曲线

骨架曲线是每一级循环的滞回曲线上峰值点的包络线,是抗震性能的另一个重要依据,它综合反映了模型在反复加载过程中的受力变形关系,如图 3.22 所示。

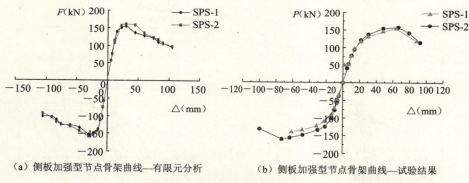

（a）侧板加强型节点骨架曲线—有限元分析　　　　（b）侧板加强型节点骨架曲线—试验结果

图 3.22　循环加载下的骨架曲线

通过对比试验得到的试件骨架曲线与有限元分析得到的骨架曲线可以发现以下规律:① 梁端翼缘侧板加强型节点骨架曲线都表现出了良好的塑性变形能力,能将塑性铰由梁柱连接根部的焊缝转移到外侧的区域。② 试件骨架曲线试验值与模拟值相差不大,说明有限元模型模拟结果能够很好地满足试验模拟需要。③ 在线弹性阶段,试验值与模拟值基本重合,并且相差不大;当节点发生屈服后,试验值与模拟值逐渐偏离,说明有限元模型在弹塑性阶段对节点受力性能的模拟存在误差,这是由于有限元模型在建模过程中,忽略了节点焊接残余应力、构件初始偏心、焊接热影响的因素,使节点材料进入弹塑性阶段后,有更好的受力性能。④ 有限元模拟值普遍比试验值高,试件中有限元模拟得到的骨架曲线普遍都在试验值外侧,这同样是因为建模过程中对残余应力、焊接热影响、构件初始缺陷忽略造成的。

3.7　节点试件的承载能力及延性性能验证及分析

承载力和延性系数是衡量结构或构件抗震性能的重要指标,有限元结果与试验结果进行对比,分别见表3.3、表3.4。

表3.3　试件承载力有限元计算值与试验值对比

试件编号	屈服荷载			极限荷载		
	有限元计算值（kN）	试验值（kN）	误差（%）	有限元计算值（kN）	试验值（kN）	结果差别（%）
SPS-1	133.71	115.2	16.06	153.78	153.73	0.30
SPS-2	138.83	124.5	11.50	159.79	157.95	1.11

表3.4　试件延性系数有限元计算值与试验值对比

试件	屈服位移 δ_y（mm）			极限位移 δ_u（mm）			延性系数 μ		
	计算值	试验值	误差%	计算值	试验值	误差%	计算值	试验值	误差%
SPS-1	17.76	20.8	14.61	72.99	83.40	12.48	4.11	4.00	2.75
SPS-2	17.31	23.1	25.06	70.45	86.50	18.55	4.07	3.75	8.53

通过对比延性系数的试验值与模拟值可以发现:① 从表3.3、表3.4中的比较来看出,侧板加强型节点的屈服荷载、极限荷载的有限元计算值比试验值高,这是由于有限元模型在建模过程中,忽略了节点焊接残余应力、构件初始偏心、焊接热影响的因素,使节点材料进入弹塑性阶段后,有更好的受力性能。② 试件的屈服荷载和极限荷载的有限元模拟值比试验值大,主要是由于 ANSYS 软件中对于焊缝难以模拟,且试验试件在加工中存在钢材材质不均匀,节点焊接残余应力、构件初始偏心、焊接热,加工误差等因素而 ANSYS 软件中难以模拟这些因素造成。并且试件的承载力都随着梁翼缘扩大段长度的增大,呈现增大趋势。③ 试验得到的节点延性系数在 3.75 ～ 4.07 之间;而有限元模拟得到的延性系数在 4.00 ～ 4.11 之间,延性系数都大于等于 4.0,两个试件模拟值都大于试验值。造成这种结果的原因是由于有限元模型在建模过程中,忽略了节点焊接残余应力、构件初始偏心、焊接热影响的因素,当节点材料进入弹塑性阶段

后,使节点具有了更大的延性。

3.8　梁段塑性转角和总转角

侧板加强型梁的塑性转角与总转角的求解方法同扩翼型相同,ANSYS 模型分析结果与试验结果如表 3.5 所示。

表 3.5　梁塑性转角和总转角

试件编号	试验值		有限元值	
	SPS-1	SPS-2	SPS-1	SPS-2
θ_p (% rad) ·	3.92	3.94	4.10	4.05
θ_u (% rad)	5.32	5.29	5.35	5.33
θ_p/θ_u (%)	73.68	74.48	76.67	76.00

通过比较可知,节点的塑性转角及总转角均超过了 3% rad 和 5% rad,满足了抗震性能最低标准[39]。试件随着加强区段长度变长,塑性转角逐渐减小,塑性转角占总转角的比例也逐渐减小,耗能能力降低。即侧板加强型节点中加强板长度越短,节点耗散能力会稍强。并且采用了侧板加强型梁柱连接后塑性转角在总转角中所占的比重是较大的,故采用梁端侧板加强型梁柱连接的耗散能量比较有效。

3.9　箱形柱截面有限元分析

3.9.1　模型细部构造

日本清水建设开发了隔板贯通式箱形截面柱与梁端翼缘侧板加强型"工"字形截面梁的刚性连接的新型梁柱连接。这种工法的特点是梁柱连接处组成柱截面的各个板件并不连续,而是被上下两块横隔板贯穿而过,横隔板在钢管柱的四周分别挑出 25 mm 或者 30 mm,外挑出的横隔板与梁翼缘通过坡口焊缝连接在梁柱接合处外的一定距离内,用坡口焊缝在梁翼缘的两侧分别焊接一块与梁翼缘等厚度的侧板用以加强梁柱连接。而梁腹板可通过剪切板与柱形成可靠的腹板连接(图 3.23)。这种作法在不违背强柱弱梁的原则下可通过调节侧板长宽尺寸的大小控制变形发生的部位,一般侧板的宽度为 30 ～ 100 mm,长度为 300 ～ 900 mm。日本建筑学会编写的《钢结构接合部设计指针》[30]中,对其构造细节做了详细规定。

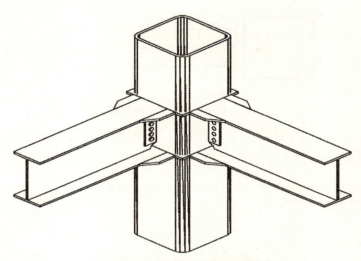

图 3.23　梁端翼缘侧板加强型节点

　　日本在钢柱梁节点中广泛采用隔板贯通式连接,原因除了工艺制作顺利外,还易于实现上下层柱的厚度变化,截面外包尺寸等优点,国内工程界缺少经验,对这类节点的抗震性能了解的较少,故我国规范中还没有提到。这种节点隔板挑出长度不能太短,如果太短柱身—隔板焊缝与梁翼缘—隔板焊缝靠得较近,这种情况下残余应力峰值及分布是否会不利,钢材金属是否会因多次焊接而加剧材质劣化,国内还缺乏详细的实测材料和分析。隔板挑出长度太长则可能受到建筑要求限制。同时还可能使梁腹板切角太大。

　　日本于 2001 年 1 月颁布的《钢构造结合部设计指针》[30] 规定梁翼缘端部用侧板加宽时,加宽部分的长度宜为梁高的 1/2 ～ 3/4。故侧板加强型连接节点侧板长度 $l_c = (1/2 \sim 3/4)h_b$,其中 h_b 为钢梁高度,加强侧板末端宽度为($2t_f$ ＋ 6) mm, t_f 为梁翼缘板厚度。本书 ANSYS 模型梁翼缘厚度取 9 mm。加强侧板末端宽度取整为 25 mm。根据日本经验,建议当柱钢管壁厚小于 28 mm 时取挑出 25 mm,钢管壁厚大于 28 mm 时,挑出长度取 30 mm。该规定适合于壁厚不小于 40 mm 的钢管。板根据日本《建筑钢构造—其理论与设计》[49] 推荐取值为箱形截面柱最短边长 1/50 ～ 1/10,本书箱形截面柱宽度为 250 mm,故板取 7 mm,隔板厚度取与梁翼缘相同厚度 9 mm。箱形截面柱连接节点梁加强侧板参数如图 3.24 所示。

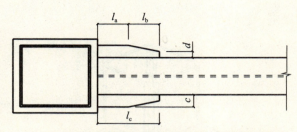

图 3.24 箱形截面柱连接节点梁加强侧板参数

本书建立 ANSYS 箱形截面柱模型 3 个（BSPS-1、BSPS-2、BSPS-3），模型截面尺寸见表 3.6，节点连接的构造示意图如图 3.25 所示。

表 3.6 试件截面尺寸及扩翼参数

试件编号	柱截面尺寸	梁截面尺寸	加强侧板参数（mm）			
			l_a（mm）	l_b（mm）	c（mm）	d（mm）
BSPS-1	热轧方钢管 250X7	HN300×150×6.5×9	110	110	50	25
BSPS-2	热轧方钢管 250X7	HN300×150×6.5×9	120	120	50	25
BSPS-3	热轧方钢管 250X7	HN300×150×6.5×9	150	150	50	25

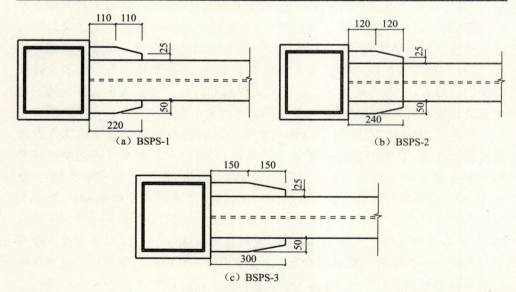

（a）BSPS-1　　　　（b）BSPS-2

（c）BSPS-3

图 3.25 节点连接的构造图

3.9.2　有限元模型

模型建立过程中,单元类型、材料类型和加载制度的选择与第二章相同。模型采用较高精度 Solid92 实体单元进行自由网格划为在施加约束时,对试件柱的上下端施加 x、y、z 三个方向的固定约束,在梁的自由端施加 x 方向的约束,梁端截面的所有节点进行 y 方向位移耦合,外力以位移的方式施加于耦合面的主节点上相当于梁的平面外约束,有限元模型如图 3.26 所示。

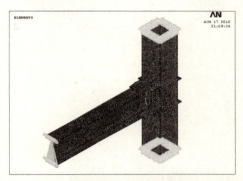

图 3.26　箱形截面柱侧板加强型节点有限元模型图

分析中为了突出节点构造对节点性能的影响,忽略了高强螺栓和焊接残余应力的影响。

3.9.3　破坏形态

试件的破坏形态如图 3.27 所示。

从 Von Mises 应力云图上可以看出:位移幅值为 90 mm 时,随着荷载的反复增加,试件受压翼缘的局部屈曲变形不断发展,各试件的破坏形式表现为翼缘的局部屈曲而引起梁弯扭失稳,试件最终达到破坏,但是可以看到 BSPS-1、BSPS-2 的塑性铰中心位于距扩翼区段末端(0.15～0.25)倍的梁高范围,可以有效地把塑性铰从梁柱焊缝接处移出,却与日本《钢构造结合部设计指针》[30] 的所指出的梁塑性铰中心出现在距离加强区末端(1/4～1/2)倍的梁高处不同。而 BSPS-3 的塑性铰却在梁柱焊缝附近形成,并不能有效把塑性铰从梁柱焊缝接处移出。BSPS-3 的加宽部分的长度 l_c 为梁高的 1 倍,可见日本颁布的《钢构造结合部设计指针》[30] 规定加宽部分的长度宜为梁高的 1/2～3/4 是合理的。

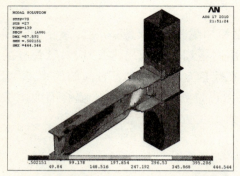

（a）箱形截面柱侧板加强型节点（BSPS-1）

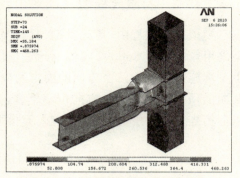

（b）箱形截面柱侧板加强型节点（BSPS-2）

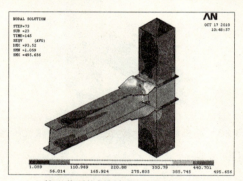

（c）箱形截面柱侧板加强型节点（BSPS-3）

图 3.27　试件破坏时的 Von Mises 应力云图

3.9.4　滞回曲线

箱形截面柱侧板加强型节点滞回曲线如图 3.28 所示。

3 个试件的荷载—位移滞回曲线在形状上均呈现为饱满的梭形，并且无捏拢现象，各个滞回环面积都较大，说明箱形柱截面侧板加强型节点的抗震耗能能力良好，有较大的消耗能力。在试件加载初期梁端位移荷载较小，试件处于弹性受力阶段，加载时荷载—位移曲线沿直线上升。随着位移荷载的增加，试件进入弹塑性受力阶段，变形开始逐渐加快。在开始的几个循环内，试件刚度没有显著变化，达到极限强度以后，试件的承载力逐步降低，具有明显的强度退化现象。

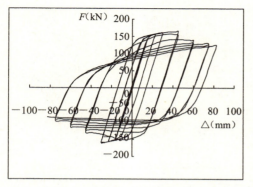

（a）BSPS-1梁端荷载—位移滞回曲线

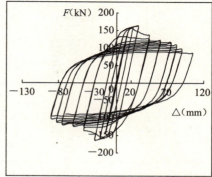

（b）BSPS-2梁端荷载—位移滞回曲线

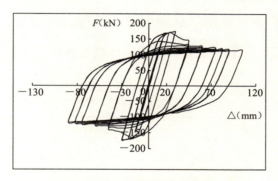

（c）BSPS-3梁端荷载—位移滞回曲线

图3.28　箱形截面柱侧板加强型节点滞回曲线

3.9.5　骨架曲线

骨架曲线是每一级循环的滞回曲线上峰值点的包络线，是抗震性能的另一个重要依据，它综合反映了模型在反复加载过程中的受力变形关系，如图3.29所示。

由图3.29可知，三个试件骨架曲线大致相同，试件BSPS-3的骨架曲线在最外侧承载力略大，说明侧板加宽部分的长度越长，箱形柱截面侧板加强型节点的抗震性能越好，但BSPS-3只比BSPS-1、BSPS-2抗震性能越略好，并且当侧板加宽部分较长时，加强侧板与翼缘连接处焊缝在焊接时容易产生比较大的残余应力，且焊缝质量也不易保证。

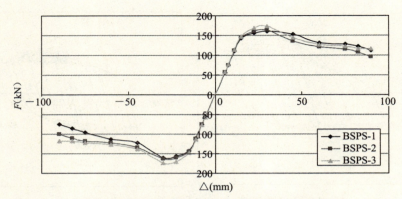

图 3.29　箱形截面柱侧板加强型节点骨架曲线

3.9.6　节点试件的承载能力及延性性能验证及分析

承载力和延性系数是衡量结构或构件抗震性能的重要指标,有限元结果如表 3.7 所示。

表 3.7　承载力和延性系数有限元结果

试件编号	屈服荷载(kN)	屈服位移 δ_y(mm)	极限荷载(kN)	极限位移 δ_u(mm)	延性系数 μ
BSPS-1	138.17	18.21	160.202	58.63	3.22
BSPS-2	141.21	18.51	163.332	56.27	3.04
BSPS-3	149.49	19.56	173.527	57.70	2.95

由表 3.6 可以看出,BSPS-1、BSPS-2 两个试件延性系数有限元分析结果都在 3.0 以上,达到了抗弯钢框架连接的要求[39],说明节点具有良好的延性性能,在提高节点承载力的同时,延性性能也有所提高。但 BSPS-3 试件延性系数有限元分析结果却低于 3.0,没有达到了抗弯钢框架连接的要求。并且可知延性系数随着翼缘扩大段长度 l_e 的增大(l_e 为梁高的 0.73 ～ 1.00),总体上呈现下降趋势。说明日本颁布的《钢构造结合部设计指针》规定加宽部分的长度宜为梁高的 1/2 ～ 3/4 是合理的。

3.10　本章小结

本章运用通用有限元软件 ANSYS 对试验中测试的 2 个试件进行了三维非线性有限元分析,并与试验结果进行对比,得到如下结论。

（1）采用 ANSYS 有限元方法有效的模拟出 2 个试件的滞回曲线和骨架曲线的各个阶段，计算得出的屈服荷载、极限荷载和延性系数及破坏形态与试验结果有一定误差，这主要是由于 ANSYS 软件中对于焊缝难以模拟，且试验试件在加工中存在钢材材质不非常均匀，ANSYS 软件中难以模拟节点焊接残余应力、构件初始偏心、焊接热，加工误差等因素造成，故导致有限元分析结果与试验结果存在一定的误差。但误差并不大，所以模型中选取的单元类型材料本构关系是合理的，同时进一步明确了侧板加强型节点的在循环荷载作用下的工作性能，可以为工程的设计提供借鉴和依据。

（2）通过对试件模型进行有限元分析，可以获得加载过程中节点塑性铰形成发展的整个过程。侧板加强型节点在塑性铰的形成过程中，在弹性阶段最大应力位于梁柱连接对接焊缝处，进入塑性后，最大应力逐渐由焊缝处转移至梁翼缘加强区段末端外，并向腹板中心逐步延伸，最终在此处发展形成塑性铰，远离梁柱连接面这一薄弱环节，有效保护了焊缝，并且塑性铰形成的区域大，转动能力及耗能能力强。而且发现由于有限元模型忽略了加强侧板与梁翼缘焊缝的残余应力和焊接热应力等，没有出现试验中侧板末端与翼缘焊接处的裂缝。

（3）由对模型节点梁上下工艺焊接孔间对应的腹板位置处的应力路径有限元分析可以看出，在加载初期的弹性阶段，两个侧板加强型节点试件高度的应力分布规律基本一致，腹板上下边缘应力值最大，中间部分应力值最小，呈 U 形分布，各节点试件的应力曲线基本重合，随着荷载的增加，各试件应力亦随着不断增加，应力沿梁腹板两侧边缘向中部发展。

（4）根据日本《钢构造结合部设计指针》[30] 建立 3 个箱形柱截面侧板加强型节点模型，研究其在循环荷载作用下的性能，发现模拟得到的侧板加强型节点的塑性铰中心位于距扩翼区段末端(0.15 ～ 0.25)倍的梁高范围。与日本《钢构造结合部设计指针》的所指出的梁塑性铰中心出现在距离加强区末端(1/4 ～ 1/2)倍的梁高处不同，而对其进行的承载能力、滞回性能、延性性能、塑性转角等方面研究，可为我国钢框架翼缘侧板加强型节点的加强侧板参数选取提供依据。

第4章

梁端翼缘扩翼型和侧板加强型节点的参数分析

本章以试验[34]中设计的试件为参考，选取了梁端翼缘扩翼型节点和侧板加强型节点翼缘截面形状改变的主要参数，以基本试件作为原型衍生了一系列试件。采用考虑随动强化、大变形的非线性有限元模型，分别研究了节点扩大梁翼缘板的长度、宽度参数对节点承载力、塑性铰发展规律和出现的位置以及节点抗震性能的影响规律，给出了梁端翼缘扩翼型节点和侧板加强型节点设计的基本条件，为钢结构抗震设计规范的修订提供参考。本章共分两个小节，分别研究扩翼型节点（WFS 系列）和梁端翼缘侧板加强型节点（SPS 系列）。

4.1 WFS 系列节点的扩翼参数分析

4.1.1 参数试件的设计

美国 FEMA-350（2000）[21]对圆弧削弱式梁柱节点参数范围：$l_a = (0.5 \sim 0.75)b_f$，$l_b = (0.65 \sim 0.85)h_b$，$c = (0.2 \sim 0.25)b_f$。陈诚直[50]等人通过试验研究的对扩翼型接头参数的建议：$l_a = (0.6 \sim 0.8)b_f$，$l_b = (0.3 \sim 0.45)h_b$，$c = (0.3 \sim 0.5)b_f$。文献[34]试验参考美国 FEMA-350（2000）[21]对圆弧削弱式梁柱节点而确定的扩翼型节点的参数范围：$l_a = (0.5 \sim 0.75)b_f$，$l_b = (0.65 \sim 0.85)h_b/2$，$c = (0.2 \sim 0.25)b_f$。本书以文献[34]为依据，通过改变 WFS 节点的梁翼缘扩大 l_a 段长度，及扩大宽度 c，得到 2 组试件（WFS-A、WFS-B），采用参数范围：$l_a = (0.33 \sim 0.93)b_f$，$l_b = (0.65 \sim 0.85)h_b/2$，$c = (0.13 \sim 0.33)b_f$，（扩翼型接头参数范围见表 4.1，梁翼缘扩大参数如图 4.1 所示，其参数取值见表 4.2、表 4.3），以此来分析扩翼参数的变化对节点的应力分布特点、承载能力、耗能性能、延性性能、塑性铰形成发展规律、塑性铰分布及位

置、滞回性能等方面影响。

表 4.1　扩翼型接头参数范围

参数取值范围	l_a	l_b	c
美国 FEMA-350（2000）对圆弧削弱式梁柱节点参数范围：	$(0.50 \sim 0.75)b_f$	$(0.65 \sim 0.85)h_b$	$(0.20 \sim 0.25)b_f$
陈诚直等人对扩翼型接头建议参数范围	$(0.60 \sim 0.8)b_f$	$(0.30 \sim 0.45)h_b$	$(0.30 \sim 0.5)b_f$
文献［34］对扩翼型接头建议参数范围	$(0.50 \sim 0.75)b_f$	$(0.65 \sim 0.85)h_b/2$	$(0.20 \sim 0.25)b_f$
本书取的扩翼型接头参数范围	$(0.33 \sim 0.93)b_f$	$(0.65 \sim 0.85)h_b/2$	$(0.13 \sim 0.33)b_f$

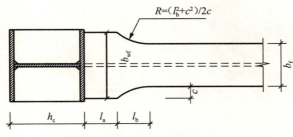

图 4.1　梁翼缘扩大参数

表 4.2　WFS-A 组试件扩翼参数尺寸表

试件编号	l_a（mm）	l_a/b_f	l_b（mm）	l_b/h_b	c（mm）	c/b_f
WFS-A1	50	0.33	90	0.30	40	0.27
WFS-A2	80	0.53	90	0.30	40	0.27
WFS-A3	110	0.73	90	0.30	40	0.27
WFS-A4	140	0.93	90	0.30	40	0.27

表 4.3　WFS-B 组试件扩翼参数尺寸表

试件编号	l_a（mm）	l_a/b_f	l_b（mm）	l_b/h_b	c（mm）	c/b_f
WFS-B1	110	0.73	110	0.36	20	0.13
WFS-B2	110	0.73	110	0.36	30	0.20
WFS-B3	110	0.73	110	0.36	40	0.27
WFS-B4	110	0.73	110	0.36	50	0.33

表 4.2、表 4.3 中有限元分析的所有试件柱截面尺寸为 HW250×250×9×14,梁截面尺寸为 HN300×150×6.5×9。其中:WFS-A 组试件为保持翼缘扩大宽度 c 不变,仅改变梁翼缘扩大 l_a 段长度的数值;WFS-B 组试件为保持梁翼缘扩大 l_a 段长度不变,翼缘扩大宽度 c 取不同的数值。

4.1.2　破坏形态

试件破坏时形态如图 4.2、图 4.3 所示。

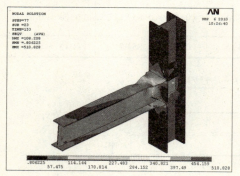

（a）扩翼型节点（WFS-A1）

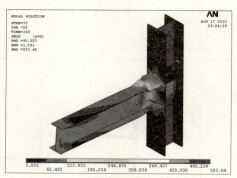

（b）扩翼型节点（WFS-A2）

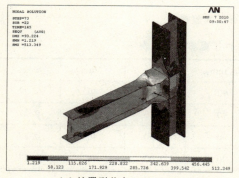

（c）扩翼型节点（WFS-A3）

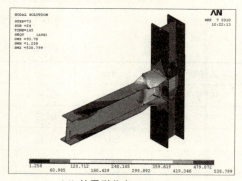

（d）扩翼型节点（WFS-A4）

图 4.2　试件破坏时 Von Mises 应力云图

从 Von Mises 应力云图上可以看出:试件破坏时 WFS-A 组试件梁柱节点翼缘扩翼段末端附近处的受压翼缘的局部产生屈曲变形,在扩翼段末端产生塑性铰并且塑性铰处形成大变形,塑性铰的位置偏移柱翼缘表面的距离随着节点梁翼缘扩大 l_a 段长度的增加而增加。梁翼缘和腹板交接处应力最大,此处应力复杂,应考虑多种应力组合效应,另外,节点域柱腹板中间部位应力较大。

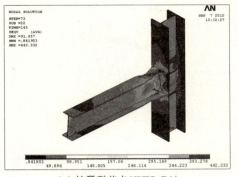

（a）扩翼型节点（WFS-B1）　　　　（b）扩翼型节点（WFS-B2）

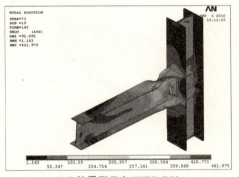
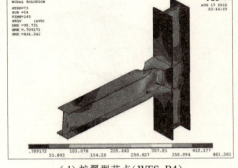

（c）扩翼型节点（WFS-B3）　　　　（d）扩翼型节点（WFS-B4）

图4.3　试件破坏时 Von Mises 应力云图

从 Von Mises 应力云图上可以看出：试件破坏时 WFS-B 组各试件梁柱节点翼缘扩翼段末端附近处的受压翼缘的局部产生屈曲变形并产生塑性铰，塑性铰处形成大变形，梁翼缘和腹板交接处应力最大。模型 WFS-B1 的塑性铰靠近梁柱节点，塑性铰并不能有效外移，起不到塑性铰外移的目的，故扩翼型节点，翼缘扩大宽度 c 不宜小于 0.2 倍梁翼缘宽度，又由于柱截面宽度限制，故建议：c 取（0.2～0.3）倍梁翼缘宽度。

4.1.3　滞回曲线及骨架曲线

4.1.3.1　WFS-A 组各试件滞回曲线

对 WFS-A 组试件进行了循环荷载作用下的有限元分析，得到了各试件在循环荷载下的滞回曲线，如图 4.4 所示。

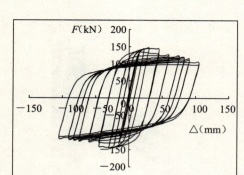

（a）扩翼型节点（WFS-A1）

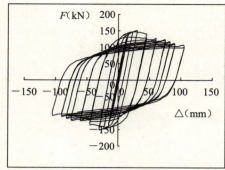

（b）扩翼型节点（WFS-A2）

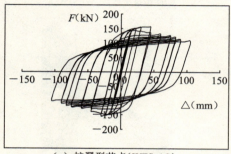

（c）扩翼型节点（WFS-A3）

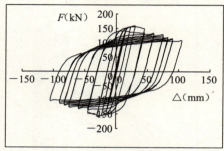

（d）扩翼型节点（WFS-A4）

图 4.4　WFS-A 组各试件滞回曲线

图中可以看出：（a）各试件在循环荷载作用下滞回曲线形状呈饱满的梭形，没有捏拢现象，滞回面积比较大，具有较好的耗能能力，且正负向的对称性较好，刚度退化规律接近。当扩翼长度变化时，扩翼长度越短，承载力越小，滞回性能越好，但当节点的扩翼长度过大时，使得塑性铰到柱面的距离增大，从而导致柱面处的梁端弯矩过大，使得该处的应力发展较快，应力值较大，对该处焊缝受力不利，因此，扩翼段长度不宜过大，而且扩翼段不宜太小，否则塑性铰不能移出梁柱相交面，所以根据对节点试件有限元分析的结果建议：对扩翼型节点，l_a 取（0.33～0.93）倍梁翼缘宽度。

4.1.3.2　WFS-A 组各试件骨架曲线

WFS-A 组各试件骨架曲线如图 4.5 所示。

扩翼型节点 WFS-A 各试件的骨架曲线都表现出了良好的塑性变形能力，都能将塑性铰由梁柱连接根部的焊缝转移到外侧的区域；WFS-A 各试件节点相比可知，WFS-A1 的骨架曲线在最里侧，WFS-A4 的骨架曲线在最外侧。即在随着扩翼段长度的增大,试件的屈服荷载与极限荷载也相应地增大。但当节点的加强长度过大时,使得塑性铰到柱面的距离增大,从而导致柱面处的梁端弯矩过大,使得该处的应力发展较快,应力值较大,对该处焊缝受力不利,因此,扩翼加强长度不宜过大,而且扩翼长度不宜太小,否则塑性铰不能移出梁柱相交面,所以根据对节点试件有限元分析的结果建议:对扩翼型节点,l_a 取 (0.33 ~ 0.93)倍梁翼缘宽度。

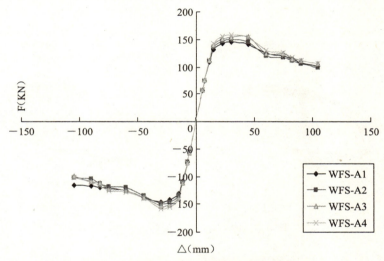

图 4.5 WFS-A 系列各试件的骨架曲线

4.1.3.3 WFS-B 组各试件滞回曲线

对 WFS-B 组试件进行了循环荷载作用下的有限元分析,得到了各试件在循环荷载下的滞回曲线,如图 4.6 所示。

从图中可以看出,各试件在循环荷载作用下滞回曲线呈饱满的梭形,没有捏拢现象,滞回面积比较大,具有较好的耗能能力,且正负向的对称性较好,刚度退化规律接近。WFS-B 组试件承载力,随着扩翼宽度 c 的变宽,呈现增大趋势。扩翼宽度受到柱截面宽度限制,且需满足塑性铰有效外移,故建议:c 取 (0.2 ~ 0.33)倍梁翼缘宽度。

4.1.3.4 WFS-B 组各试件骨架曲线

WFS-B 各试件骨架曲线如图 4.7 所示。

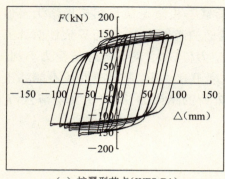

（a）扩翼型节点（WFS-B1）

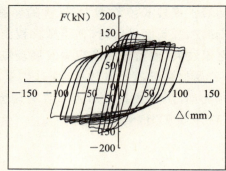

（b）扩翼型节点（WFS-B2）

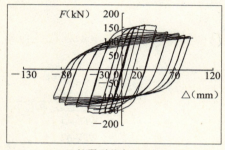

（c）扩翼型节点（WFS-B3）

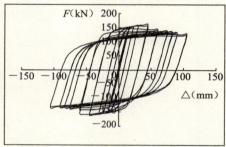

（d）扩翼型节点（WFS-B4）

图 4.6　WFS-B 组各试件滞回曲线

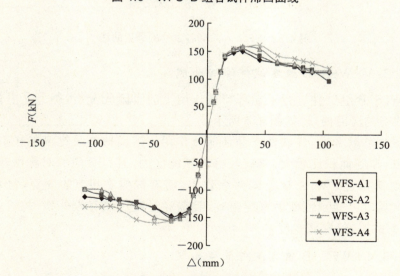

图 4.7　WFS-B 系列各试件的骨架曲线

扩翼型节点 WFS-B 各试件的骨架曲线都表现出了良好的塑性变形能力，都能将塑性铰由梁柱连接根部的焊缝转移到外侧的区域；WFS-B 各试件节点相比可知，WFS-B1 的骨架曲线在最里侧，WFS-B4 的骨架曲线在最外侧。即随着扩翼段宽度的增大，试件的屈服荷载与极限荷载也相应地增大。扩翼宽度受到柱截面宽度限制，且需满足塑性铰有效外移，故建议：c 取（0.2 ～ 0.33）倍梁翼缘宽度。

4.1.4　承载力及延性性能

4.1.4.1　承载力

WFS-A 组节点各试件及 WFS-B 组节点各试件承载力见表 4.4、表 4.5，梁翼缘扩大 l_a 段长度与极限承载力关系见图 4.9，翼缘扩大宽度 c 与极限承载力关系见图 4.10，（梁翼缘扩大参数 l_a、c 见图 4.8）。

表 4.4　WFS-A 组节点各试件承载力有限元计算值

试件编号	WFS-A1	WFS-A2	WFS-A3	WFS-A4
l_a（mm）	50	80	110	140
屈服荷载（kN）	133.22	123.20	135.12	137.78
极限荷载（kN）	146.15	149.29	154.38	158.45

表 4.5　WFS-B 组节点各试件承载力有限元计算值

试件编号	WFS-B1	WFS-B2	WFS-B3	WFS-B4
c（mm）	20	30	40	50
屈服荷载（kN）	130.57	133.85	136.93	142.35
极限荷载（kN）	150.08	153.94	157.57	161.13

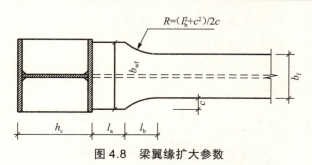

图 4.8　梁翼缘扩大参数

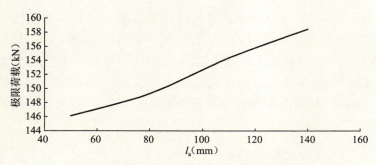

图 4.9　梁翼缘扩大 l_a 段长度与极限承载力关系

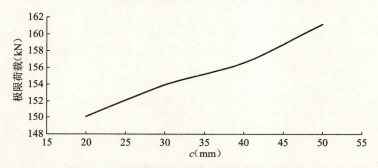

图 4.10　梁翼缘扩大宽度 c 与极限承载力关系

由表 4.4 和表 4.5 可以看出：① WFS-A 组试件的承载力都随着梁翼缘扩大 l_a 段长度的增大，呈现增大趋势。这是由于随着加强板长度的增加，塑性铰外移距离增加，同时塑性铰处的抗弯承载力是不变的，由 $P = M/L$ 可知，L 减小 M 不变，故承载力 P 增大。② WFS-B 组试件承载力，随着梁翼缘扩大宽度 c 的变宽，呈现增大趋势，但受到柱截面宽度限制。

4.1.4.2　延性系数

节点的延性性能主要通过节点的延性系数反映，通常要求延性系数 > 3，WFS-A、WFS-B 组各试件的延性系数见表 4.6、表 4.7，梁翼缘扩大 l_a 段长度与延性系数的关系见图 4.11，翼缘扩大 c 宽度与延性系数的关系见图 4.12，（梁翼缘扩大参数 l_a、c 见图 4.8）。

表 4.6　WFS-A 组节点各试件延性系数

试件编号	WFS-A1	WFS-A2	WFS-A3	WFS-A4
l_a（mm）	50	80	110	140

续表

试件编号	WFS-A1	WFS-A2	WFS-A3	WFS-A4
δ_u (mm)	72. 53	69. 47	68. 53	67. 73
δ_y (mm)	17. 23	16. 62	16. 57	16. 48
μ	4. 21	4. 18	4. 16	4. 11

表 4. 7　WFS-B 组节点各试件延性系数

试件编号	WFS-B1	WFS-B2	WFS-B3	WFS-B4
c (mm)	20	30	40	50
δ_u (mm)	71. 65	70. 09	68. 47	67. 48
δ_y (mm)	16. 98	16. 81	16. 54	16. 26
m	4. 22	4. 17	4. 14	4. 15

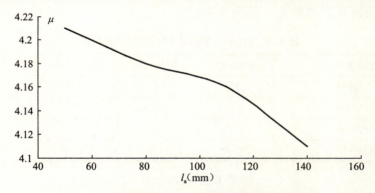

图 4.11　梁翼缘扩大 l_a 段长度与延性系数的关系

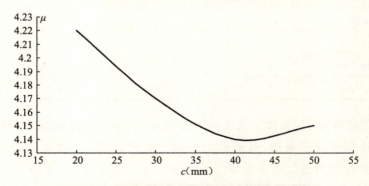

图 4.12　梁翼缘扩大宽度 c 与延性系数的关系

由表 4. 6、表 4. 7 可以看出：① WFS-A、WFS-B 组各个试件延性系数有限元分析结果都在 3.0 以上,达到了抗弯钢框架连接的要求,说明节点具有良好的延性性能,在提高节点承载力的同时,延性性能也有所提高。② WFS-A 组试件延性系数分别随着梁翼缘扩大 l_a 段长度的增大,总体上呈现下降趋势。为满足梁柱截面焊缝应力不过大,故扩翼长度不宜过大,而且扩翼段不宜太小,否则塑性铰不能移出梁柱相交面,根据对节点试件有限元分析的结果建议:对扩翼型节点,l_a 取(0.33 ~ 0.93)倍梁翼缘宽度。③ WFS-B 组试件,随着翼缘扩大宽度 c 的变化,延性系数在 4.14 ~ 4.22 范围,变化幅度较小,因此参数 c 对节点延性的影响不明显。

4.1.5 梁段塑性转角和总转角

ANSYS 模型分析结果与试验结果如表 4.8、表 4.9 所示,梁翼缘扩大 l_a 段长度与塑性转角 θ_p 关系见图 4.13,梁翼缘扩大宽度 c 与塑性转角 θ_p 关系见图 4.14,(梁翼缘扩大参数 l_a、c 见图 4.8)。

表 4.8　WFS-A 组梁的塑性转角和总转角

试件编号	WFS-A1	WFS-A2	WFS-A3	WFS-A4
l_a(mm)	50	80	110	140
θ_p(% rad)	3.89	3.85	3.79	3.71
θ_u(% rad)	5.18	5.15	5.12	5.08
θ_p/θ_u(%)	75.17	74.67	74.00	73.17

表 4.9　WFS-B 组梁的塑性转角和总转角

试件编号	WFS-B1	WFS-B2	WFS-B3	WFS-B4
c(mm)	20	30	40	50
θ_p(% rad)	3.86	3.80	3.75	3.70
θ_u(% rad)	5.17	5.13	5.11	5.09
θ_p/θ_u(%)	74.67	74.00	73.33	72.67

通过比较可知,梁翼缘扩大 l_a 段长度变长,塑性转角逐渐减小,塑性转角占总转角的比例也逐渐减小,耗能能力降低。即扩翼型节点中扩翼段长度越短,节点耗散能力会稍强。随着梁翼缘扩大宽度 c 的变宽变化,塑性转角数值呈减小趋势,但变化不显著,梁翼缘扩大宽度 c 的增大对节点抗震能力的作用比梁翼缘扩大 l_a 段长度变长影响较小。

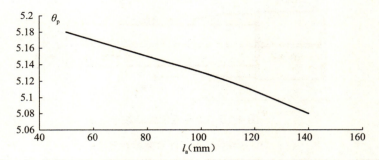

图 4.13　梁翼缘扩大 l_a 段长度与塑性转角 θ_p 关系

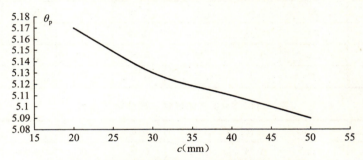

图 4.14　梁翼缘扩大宽度 c 与塑性转角 θ_p 关系

4.2　SPS 系列节点的扩翼参数分析

4.2.1　参数试件的设计

日本《钢构造结合部设计指针》[30] 的建议：取侧板与梁翼缘等厚，取值为 l_c $=(0.5\sim0.75)h_b$。张文元等 [32] 人对侧板加强型节点的侧板长度 l_c 的建议取值范围：$180\sim\dfrac{h_b-c}{1.2h_b}\cdot\dfrac{12ct_f-0.5h_bt_w}{t_wh_b+12(b_f+ct_f)}\cdot L$，其中 h_b 为梁截面高度，t_f 为梁翼缘厚度，L 为梁长。试验 [34] 以侧板加强型节点试件 SPS-1 为基础，并参考日本《钢构造结合部设计指针》[30] 的建议：取侧板与梁翼缘等厚 $l_c=(0.5\sim0.75)h_b$。本书以文献 [34] 为依据，通过改变 SPS 节点的翼缘加强侧板 l_a 段长度、翼缘扩大宽度 c，得到 2 组试件（SPS-A、SPS-B），梁翼缘加强侧板参数如图 4.15 所示，其参数取值见表 4.10、表 4.11，以此来分析加强侧板参数的变化对节点的应力分布特点、承载能力、耗能性能、延性性能、塑性铰形成发展规律、塑性铰分布及位置、滞回性能等方面影响。

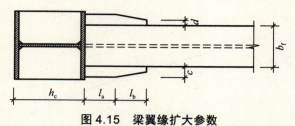

图 4.15　梁翼缘扩大参数

表 4.10　SPS-A 组试件扩翼参数尺寸表

试件编号	l_a（mm）	l_a/b_f	l_b（mm）	l_b/h_b	c（mm）	c/b_f	d（mm）
SPS-A1	50	0.33	90	0.30	40	0.27	25
SPS-A2	80	0.53	90	0.30	40	0.27	25
SPS-A3	110	0.73	90	0.30	40	0.27	25
SPS-A4	140	0.93	90	0.30	40	0.27	25

表 4.11　SPS-B 组试件扩翼参数尺寸表

试件编号	l_a（mm）	l_a/b_f	l_b（mm）	l_b/h_b	c（mm）	c/b_f	d（mm）
SPS-B1	110	0.73	110	0.36	35	0.23	25
SPS-B2	110	0.73	110	0.36	40	0.27	25
SPS-B3	110	0.73	110	0.36	45	0.30	25
SPS-B4	110	0.73	110	0.36	50	0.33	25

　　表中有限元分析的所有试件柱截面尺寸为 HW250×250×9×14，梁截面尺寸为 HN300×150×6.5×9。其中：SPS-A 组试件为保持翼缘扩大宽度 c 不变，仅改变翼缘加强侧板 l_a 段长度的数值；SPS-B 组试件为保持翼缘加强侧板 l_a 段长度不变，翼缘扩大宽度 c 取不同的数值。

4.2.2　破坏形态

　　试件破坏时形态如图 4.16、图 4.17 所示。

　　从 Von Mises 应力云图上可以看出：试件破坏时梁柱节点翼缘加强侧板段末端附近处的受压翼缘的局部产生屈曲变形并形成塑性铰，塑性铰处形成大变形，梁翼缘和腹板交接处应力最大，塑性铰的位置偏移柱翼缘表面的距离随着翼缘加强侧板 l_a 段长度的增加而增加。加强侧板与梁翼缘交接处应力较大，并且当加强侧板比较大时，加强侧板与梁翼缘的焊缝质量很难保证，容易出现残余应力和三向应力集中现象,发生脆性破坏,故 l_a 取 $(0.33 \sim 0.93)$ 倍梁翼缘宽度为宜。

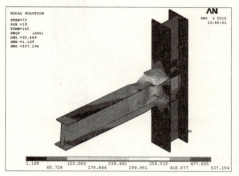
（a）侧板加强型节点（SPS-A1）

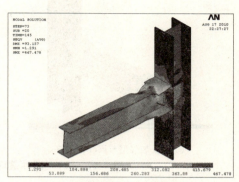
（b）侧板加强型节点（SPS-A2）

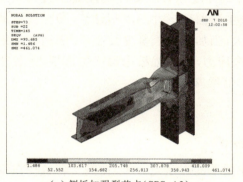
（c）侧板加强型节点（SPS-A3）

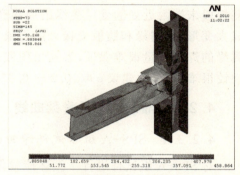
（d）侧板加强型节点（SPS-A4）

图 4.16 试件破坏时 Von Mises 应力云图

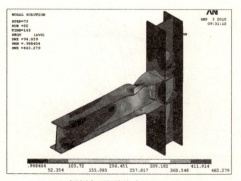
（a）侧板加强型节点（SPS-B1）

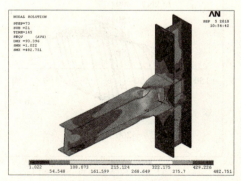
（b）侧板加强型节点（SPS-B2）

图 4.17 试件破坏时 Von Mises 应力云图

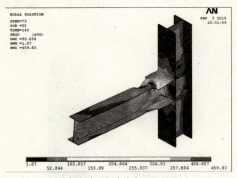

（c）侧板加强型节点（SPS-B3）

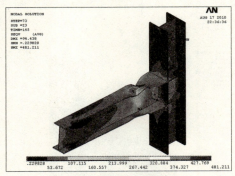

（d）侧板加强型节点（SPS-B4）

图4.17（续） 试件破坏时 Von Mises 应力云图

从 Von Mises 应力云图上可以看出：试件破坏时各试件梁柱节点翼缘加强侧板段末端附近处的受压翼缘的局部产生屈曲变形并形成塑性铰，塑性铰处形成大变形，梁翼缘和腹板交接处应力最大，当加强侧板宽度较小，加强侧板与梁翼缘的焊缝质量很难保证，容易出现残余应力，在加强板末端产生撕裂，而且塑性铰很难移出，故建议 c 取（$0.2 \sim 0.33$）倍梁翼缘宽度。

4.2.3 滞回曲线及骨架曲线

4.2.3.1 SPS-A 组各试件滞回曲线

对 SPS-A 组试件进行了循环荷载作用下的有限元分析，得到了各试件在循环荷载下的滞回曲线如图4.18所示。

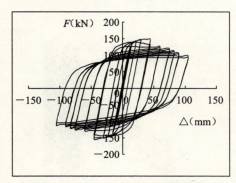

（a）侧板加强型节点（SPS-A1）

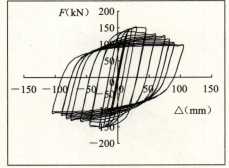

（b）侧板加强型节点（SPS-A2）

图4.18 SPS-A 组各试件滞回曲线

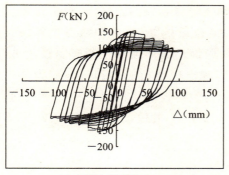 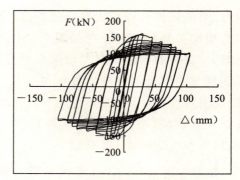

　　（c）侧板加强型节点（SPS-A3）　　　　　　（d）侧板加强型节点（SPS-A4）

图 4.18（续）　SPS-A 组各试件滞回曲线

　　从图中可以看出，各试件在循环荷载作用下滞回曲线呈饱满的梭形，没有捏拢现象，滞回面积比较大，具有较好的耗能能力，且正负向的对称性较好，刚度退化规律接近。当试件达到极限强度以后，试件的承载力逐步降低，并且降低的幅度随着加载循环次数的增加而增加，具有明显的刚度退化现象。

4.2.3.2　SPS-A 组各试件骨架曲线

　　SPS-A 组各试件骨架曲线如图 4.19 所示。

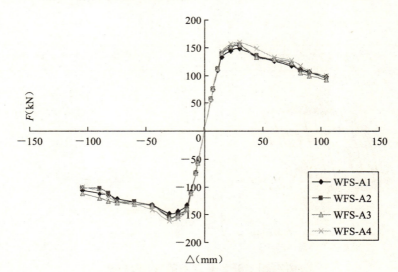

图 4.19　SPS-A 系列各试件的骨架曲线

　　侧板加强型节点 SPS-A 各试件的骨架曲线都表现出了良好的塑性变形

能力,都能将塑性铰由梁柱连接根部的焊缝转移到外侧的区域;SPS-A各试件节点相比可知,SPS-A1 在最里侧,SPS-A4 在最外侧,故可知随着扩翼段长度的增大,试件的屈服荷载与极限荷载也相应地增大。当加强侧板比较大时,加强侧板与梁翼缘的焊缝质量很难保证,容易出现残余应力和三向应力集中现象,发生脆性破坏,故加强侧板不宜太长,为塑性铰能移出梁柱相交面,加强侧板不宜太短,故根据对节点试件有限元分析的结果建议:对扩翼型节点,l_a 取(0.33 ~ 0.93)倍梁翼缘宽度。

4.2.3.3　SPS-B 组各试件滞回曲线

对 SPS-B 组试件进行了循环荷载作用下的有限元分析,得到了各试件在循环荷载下的滞回曲线如图 4.20 所示。

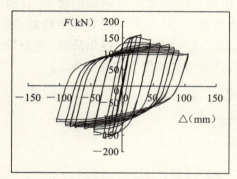

（a）侧板加强型节点（SPS-B1）

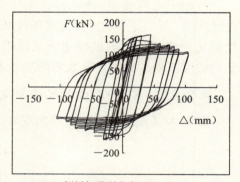

（b）侧板加强型节点（SPS-B2）

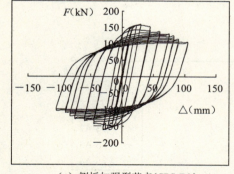

（c）侧板加强型节点（SPS-B3）

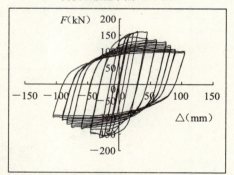

（d）侧板加强型节点（SPS-B4）

图 4.20　SPS-B 组各试件滞回曲线

从图中可以看出,各试件在循环荷载作用下滞回曲线呈饱满的梭形,没有捏拢现象,滞回面积比较大,具有较好的耗能能力,且正负向的对称性较好,刚度退化规律接近,当试件达到了极限荷载,试件的加载和卸载刚度都没有显著变化。达到极限强度以后,试件的承载力逐步降低,并且降低的幅度随着加载循环次数的增加而增加,具有明显的刚度退化现象

4.2.3.4　SPS-B 组各试件骨架曲线

SPS-B 组各试件骨架曲线如图 4.21 所示。

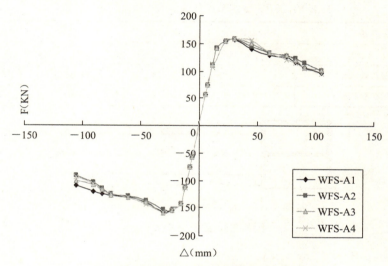

图 4.21　SPS-B 系列各试件的骨架曲线

扩翼型节点 SPS-B 各试件的骨架曲线都表现出了良好的塑性变形能力,都能将塑性铰由梁柱连接根部的焊缝转移到外侧的区域;SPS-B 各试件节点相比可知,SPS-B1 在最里侧,SPS-B2 在最外侧,可见随着扩翼段长度的增大,试件的屈服荷载与极限荷载也相应地增大,但增大的并不是很明显。由于受到柱截面宽度限制,且满足塑性铰有效外移 c 不宜小于 0.2 倍梁翼缘宽度,故建议:c取(0.2 ～ 0.33)倍梁翼缘宽度。

4.2.4　承载力及延性性能

4.2.4.1　承载力

SPS-A 组节点各试件及 SPS-B 组节点各试件承载力见表 4.12、表 4.13,翼缘加强侧板 l_a 段长度与极限承载力关系见图 4.23,翼缘扩大 c 宽度与极限承载力关系见图 4.24,(梁翼缘侧板加强参数 l_a、c 见图 4.22)。

表 4.12　SPS-A 组节点各试件承载力有限元计算值

试件编号	SPS-A1	SPS-A2	SPS-A3	SPS-A4
l_a（mm）	50	80	110	140
屈服荷载(kN)	129.86	133.71	136.43	139.07
极限荷载(kN)	148.08	153.78	155.84	160.08

表 4.13　SPS-B 组节点各试件承载力有限元计算值

试件编号	SPS-B1	SPS-B2	SPS-B3	SPS-B4
c（mm）	20	30	40	50
屈服荷载(kN)	137.25	139.21	158.61	138.83
极限荷载(kN)	157.93	159.08	159.54	159.79

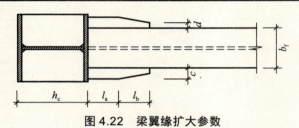

图 4.22　梁翼缘扩大参数

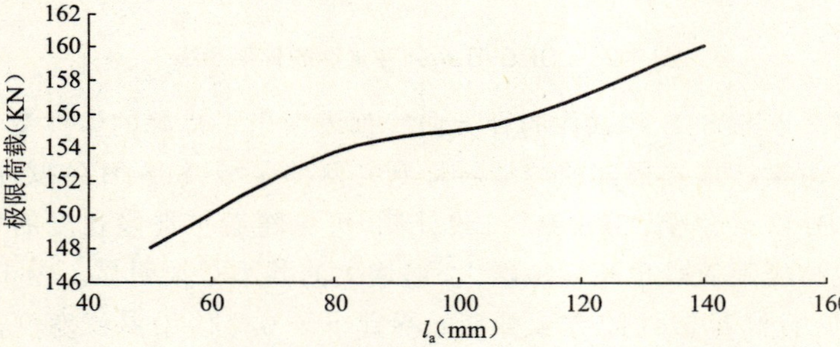

图 4.23　翼缘加强侧板 l_a 段长度与极限承载力关系

　　由表 4.12、表 4.13 可以看出 SPS-A 组试件的承载力都随着翼缘扩大段长度 l_a 的增大，呈现增大趋势。这是由于随着加强板长度的增加，塑性铰外移距离增加，同时塑性铰处的抗弯承载力是不变的，由 $P = M/L$ 可知，L 减小 M 不变，故承载力 P 增大。

　　SPS-B 组试件承载力，随着翼缘扩大宽度 c 的变宽，呈现增大趋势，但受到柱截面宽度限制。

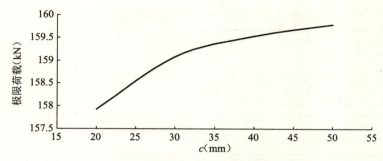

图 4.24　翼缘扩大宽度 c 与极限承载力关系

4.2.4.2　延性系数

节点的延性性能主要通过节点的延性系数反映,通常要求延性系数 > 3。SPS-A、SPS-B 组各试件的延性系数见表 4.14、表 4.15,翼缘加强侧板 l_a 段长度与延性系数的关系见图 4.25,翼缘扩大宽度 c 与延性系数的关系见图 4.26,(梁翼缘侧板加强参数 l_a、c 如图 4.22 所示)。

表 4.14　SPS-A 组节点各试件延性系数

试件编号	SPS-A1	SPS-A2	SPS-A3	SPS-A4
l_a(mm)	50	80	110	140
δ_u(mm)	75.39	74.63	72.75	71.98
δ_y(mm)	18.21	18.16	17.92	17.86
μ	4.14	4.11	4.06	4.03

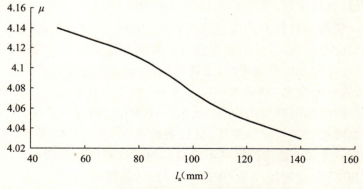

图 4.25　翼缘加强侧板 l_a 段长度与延性系数的关系

表 4.15　SPS-B 组节点各试件延性系数

试件编号	SPS-B1	SPS-B2	SPS-B3	SPS-B4
c（mm）	20	30	40	50
δ_u（mm）	69.99	70.78	70.21	70.45
δ_y（mm）	17.81	17.52	17.51	17.31
μ	3.93	4.04	4.01	4.07

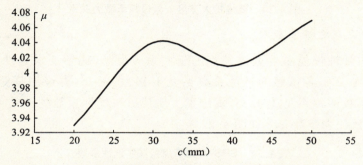

图 4.26　翼缘扩大宽度 c 与延性系数的关系

由表 4.14、表 4.15 可以看出，① SPS-A、SPS-B 组各个试件延性系数有限元分析结果都在 3.0 以上，达到了抗弯钢框架连接的要求，说明节点具有良好的延性性能，在提高节点承载力的同时，延性性能也有所提高。② SPS-A 组试件延性系数分别随着翼缘加强侧板 l_a 段长度的增大，总体上呈现下降趋势，但由于过渡段翼缘截面与扩大段截面相差不大，故 l_a 延性的影响程度相对不明显。当节点的加强长度过大时，使得塑性铰到柱面的距离增大，从而导致柱面处的梁端弯矩过大，使得该处的应力发展较快，应力值较大，对该处焊缝受力不利，因此，加强段长度不宜过大，且加强侧板与梁翼缘的焊缝质量很难保证，容易出现残余应力和三向应力集中现象，发生脆性破坏，故加强侧板不宜太长，同时为塑性铰能移出梁柱相交面，加强侧板不宜太短，故根据对节点试件有限元分析的结果建议：对侧板加强型节点，l_a 取（0.33 ~ 0.93）倍梁翼缘宽度。③ SPS-B 组试件，随着翼缘扩大宽度 c 的变化，延性系数在 3.93 ~ 4.07 范围，变化幅度较小，因此参数 c 对节点延性的影响不明显。为满足塑性铰有效外移，c 不宜小于 0.2 倍梁翼缘宽度，故建议：c 取（0.2 ~ 0.33）倍梁翼缘宽度。

4.2.5　梁段塑性转角和总转角

ANSYS 模型分析结果与试验结果如表 4.16、表 4.17 所示,翼缘加强侧板 l_a 段长度与塑性转角 θ_p 关系见图 4.27,翼缘扩大宽度 c 与塑性转角 θ_p 关系见图 4.28,(梁翼缘侧板加强参数 l_a、c 见图 4.22)。

表 4.16　SPS-A 组梁塑性转角和总转角

试件编号	SPS-A1	SPS-A2	SPS-A3	SPS-A4
l_a（mm）	50	80	110	140
θ_p（% rad）	4.17	4.10	4.08	4.03
θ_u（% rad）	5.37	5.35	5.34	5.32
θ_p/θ_u（%）	77.67	76.67	76.50	75.83

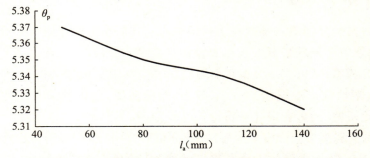

图 4.27　翼缘加强侧板 l_a 段长度与塑性转角 θ_p 关系

表 4.17　SPS-B 组梁塑性转角和总转角

试件编号	SPS-B1	SPS-B2	SPS-B3	SPS-B4
c（mm）	35	40	45	50
θ_p（% rad）	4.08	4.06	4.12	4.05
θ_u（% rad）	5.36	5.34	5.43	5.33
θ_p/θ_u（%）	76.17	76.00	75.83	76.00

通过比较可知,随着翼缘加强侧板 l_a 段长度变长,塑性转角逐渐减小,塑性转角占总转角的比例也逐渐减小,耗能能力降低。即扩翼型节点中扩翼段长度越短,节点耗散能力会稍强,随着翼缘扩大宽度 c 的变化,塑性转角数值呈减小趋势,但变化不显著,翼缘扩大宽度 c 的增大对节点抗震能力的作用比 l_a 变长影

响较小。

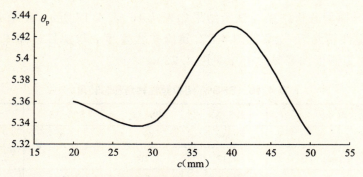

图 4.28　翼缘扩大宽度 c 与塑性转角 θ_p 关系

4.3　本章小结

本章研究扩翼型节点及侧板加强型节点的几何参数变化对节点受力性能的影响,通过选取不同的扩翼段长度 l_a 及扩翼宽度 c 参数,分别建立了 8 个扩翼型节点有限元模型(WFS 系列)和 8 个侧板加强型有限元模型(SPS 系列),从节点破坏形态、塑性铰形成规律、节点承载力、滞回曲线、延性性能及塑性转角几方面进行对比研究,通过有限元分析得到结论如下。

(1)对扩翼型节点(WFS 系列)试件分析研究可以看出,所有试件的延性系数都大于 3.0,随着翼缘扩大段长度 l_a 的增加,承载力有较大提高,延性性能明显降低,塑性转角逐渐减小,塑性转角占总转角的比例也逐渐减小,耗能能力降低。随着翼缘扩大宽度 c 的变宽,承载力有增大趋势,但受到柱截面宽度限制对承载力,及延性性能的影响较小,塑性转角数值呈减小趋势,但变化不显著,

(2)扩翼型节点(WFS 系列)塑性铰的位置偏移柱翼缘表面的距离随着翼缘扩大段长度 l_a 的增加而增加,但当节点的扩翼长度过大时,使得塑性铰到柱面的距离增大,从而导致柱面处的梁端弯矩过大,使得该处的应力发展较快,应力值较大,对该处焊缝受力不利,因此,扩翼段长度不宜过大,而且扩翼段不宜太小,否则塑性铰不能移出梁柱相交面,所以根据对节点试件有限元分析的结果建议: l_a 取(0.33~0.93)倍梁翼缘宽度。并且从 WFS-B1 破坏形态中可以看出,塑性铰靠近梁柱节点,塑性铰并不能有效外移,起不到塑性铰外移的目的,所以翼缘扩大宽度 c 不宜小于 0.2 倍梁翼缘宽度,又由于柱截面宽度限制,故建议: c 取(0.2~0.33)倍梁翼缘宽度。

（3）对侧板加强型节点（SPS 系列）试件分析研究可以看出，所有试件的延性系数都大于 3.0，随着翼缘加强侧板 l_a 段长度的增加，承载力有较大提高，节点的延性性能有逐渐降低的趋势，但由于过渡段翼缘截面与扩大段截面相差不大，故 l_a 延性的影响程度相对不明显，并且塑性转角逐渐减小，塑性转角占总转角的比例也逐渐减小，耗能能力降低。随着翼缘扩大宽度 c 的变宽，承载力有增大趋势，但受到柱截面宽度限制对承载力，及延性性能的影响较小，塑性转角数值呈减小趋势，但变化不显著。

（4）侧板加强型节点（SPS 系列）塑性铰的位置偏移柱翼缘表面的距离随着翼缘加强侧板 l_a 段长度的增加而增加，但节点的加强长度过大时，使得塑性铰到柱面的距离增大，从而导致柱面处的梁端弯矩过大，使得该处的应力发展较快，应力值较大，对该处焊缝受力不利，因此，加强段长度不宜过长，且加强侧板与梁翼缘的焊缝质量很难保证，容易出现残余应力和三向应力集中现象，发生脆性破坏，故加强侧板不宜太长，同时为塑性铰能移出梁柱相交面，加强侧板不宜太短，故根据对节点试件有限元分析的结果建议：l_a 取（0.33 ~ 0.93）倍梁翼缘宽度。当加强侧板宽度较小，加强侧板与梁翼缘的焊缝质量很难保证，容易出现残余应力，在加强板末端产生撕裂，而且加强侧板宽度较小时塑性铰很难移出，又由于柱截面宽度限制，故建议：c 取（0.2 ~ 0.33）倍梁翼缘宽度。

第 5 章

结论及展望

5.1 结论

本书通过循环荷载试验、有限元计算等方法,对扩翼型节点和侧板加强型节点进行了研究,系统探讨了两种节点在静力及循环荷载下的力学及抗震性能。深入研究了扩翼型节点和侧板加强型节点的应力分布特点、承载能力、耗能性能、延性性能、塑性铰形成发展规律、塑性铰分布及位置、滞回性能等方面,为梁柱连接节点设计研究以及探讨新型节点构造形式提供了参考依据。

本书运用通用有限元软件 ANSYS 对试验中测试的两个试件进行了三维非线性有限元分析,并与试验结果进行对比,得到如下主要研究结论。

(1)根据试验[34]中的扩翼型和侧板加强型节点试件,建立了 4 个与试验[34]节点相对应的三维有限元模型,采用 ANSYS 有限元分析软件对试验模型进行了循环荷载下的有限元计算,得到梁端加载点荷载—位移滞回曲线均形状饱满,呈丰满的纺锤状,计算得出的屈服荷载、极限荷载和延性系数及破坏形态与试验结果尚存在一定的误差,这主要是由于 ANSYS 软件中对于焊缝难以模拟,且试验试件在加工中存在钢材材质不均匀,节点焊接残余应力、构件初始偏心、焊接热,加工误差等因素而 ANSYS 软件中难以模拟这些因素造成,但这种误差并不大,所以模型中选取的单元类型材料本构关系是合理的。

(2)通过对与试验相对应的扩翼型试件进行有限元分析,可知在塑性铰的形成过程中,在弹性阶段最大应力位于梁柱连接对接焊缝处,进入塑性后,最大应力逐渐由焊缝处转移至梁翼缘扩翼段末端外,并在扩翼段末端位置向腹板中心逐步延伸,最终在此处发展形成塑性铰,远离梁柱连接面这一薄弱环节,有效保护了焊缝,并且塑性铰形成的区域大,转动能力及耗能能力强。通过对梁柱连接焊缝处的梁翼缘的应力路径分析可以看出,梁柱连接附近处梁翼缘截面的

结论及展望

5.1 结论

本书通过循环荷载试验，对两个试验节点、对接焊型节点的刚度和承载能力进行了研究，发展探讨了梁柱节点在反复荷载作用下的受力和变形性能，深入研究了栓接型节点和钢板加强型节点的应力分布规律、承载能力、抗震性能、延性性能、塑性铰形成发展规律、塑性铰分布及位置、滞回性能等方面，为梁柱连接节点设计研究以及探讨新型节点构造形式提供了参考依据。

本书运用通用有限元软件 ANSYS 对试验中测试的两个试件进行了三维非线性有限元模拟计算分析......

（1）根据试验一端带翼型和钢板加强型节点试件，建立了4个与试验......有限元分析模型，进行了模拟分析验证，并给出相关......行了循环荷载下的有限元计算，得到梁端加载点荷载-位移滞回曲线均形状饱满，呈丰满的纺锤状，计算得出的屈服荷载、极限荷载和延性系数及破坏形态与......且试验试件在加工中存在钢材材质不均匀、节点焊接残余应力、构件初始偏心......并不大，所以模型中选取的单元类型材料本构关系是合理的。

（2）通过对与试验相对应的环翼型试件进行有限元分析，可知在塑性铰的形成过程中，在弹性阶段最大应力位于梁柱连接对接焊缝处，进入塑性后，最大应力逐渐由焊缝处转移至梁翼缘扩翼段末端外，并在扩翼段末端位置向腹板中心逐步延伸，最终在此处发展形成塑性铰，远离梁柱连接面这一薄弱环节。有效......连接焊缝处的梁翼缘的应力路径分析可以看出，梁柱连接附近处梁翼缘截面的

翼缘扩大宽度 c 不宜小于 0.2 倍梁翼缘宽度,又由于柱截面宽度限制,故建议:c 取(0.2 ～ 0.33)倍梁翼缘宽度。

（6）对侧板加强型节点（SPS 系列）试件分析研究可以看出,所有试件的延性系数都大于 3.0,随着翼缘加强侧板 l_a 段长度的增加,承载力有较大提高,节点的延性性能有逐渐降低的趋势,但由于过渡段翼缘截面与扩大段截面相差不大,故 l_a 延性的影响程度相对不明显,并且塑性转角逐渐减小,塑性转角占总转角的比例也逐渐减小,耗能能力降低。随着翼缘扩大宽度 c 的变宽,承载力有增大趋势,但受到柱截面宽度限制对承载力,及延性性能的影响较小,塑性转角数值呈减小趋势,但变化不显著。

（7）侧板加强型节点（SPS 系列）塑性铰的位置偏移柱翼缘表面的距离随着翼缘加强侧板 l_a 段长度的增加而增加,但节点的加强长度过大时,使得塑性铰到柱面的距离增大,从而导致柱面处的梁端弯矩过大,使得该处的应力发展较快,应力值较大,对该处焊缝受力不利,因此,加强段长度不宜过长,且加强侧板与梁翼缘的焊缝质量很难保证,容易出现残余应力和三向应力集中现象,发生脆性破坏,故加强侧板不宜太长,同时为塑性铰能移出梁柱相交面,加强侧板不宜太短,故根据对节点试件有限元分析的结果建议:l_a 取(0.33 ～ 0.93)倍梁翼缘宽度。当加强侧板宽度较小,加强侧板与梁翼缘的焊缝质量很难保证,容易出现残余应力,在加强板末端产生撕裂,而且加强侧板宽度较小时塑性铰很难移出,又由于柱截面宽度限制,故建议:c 取(0.2 ～ 0.33)倍梁翼缘宽度。

5.2　展望

对钢框架梁柱扩翼型节点的课题研究是近年来受到钢结构界普遍关注和认可的,相对于节点削弱型的研究起步较晚。近年国内外学者对于考虑塑性铰外移的梁端扩大型节点研究已经取得了一定成果,但研究主要集中于对节点使钢框架塑性铰外移概念的验证以及对节点试件的稳定性分析上,特别是国内关于扩翼型节点的研究仅停留初级阶段,而且国外通常采用的具体构造与国内有一定差别,所以梁端扩大型节点的受力特性以及工程应用还有待于继续深入的研究。本书的研究工作取得了一定的成果,同时也发现了许多值得进一步深入研究的问题。

（1）进一步研究与探索此类节点的抗震性能,详细分析梁的扩翼参数对其受力性能的影响,建立相应的设计理论。

（2）在 ANSYS 建模中考虑焊缝、焊接缺陷、残余应力、初偏心、初弯曲等因素对翼缘板加强型连接抗震性能的影响，从而更贴近节点的真实受力，得到准确结论。

（3）对钢框架中的节点域进行研究，研究翼缘板加强型连接翼缘板尺寸对节点域受力性能的影响。

（4）进一步开展梁翼缘扩大对框架梁柱刚度及计算长度的影响，对框架内力分布、梁端弯矩取值等计算方法的研究。

（5）目前高层结构中箱形柱和圆形柱较多，应对箱形柱和圆形柱翼缘板加强型节点进行进一步研究和分析。

后　记

　　本书能够出版离不开老师、朋友、同事和亲人的帮助和支持！

　　真诚感谢我的导师，国家级教学名师王燕教授在本书的资料查询、方法论证、数据整理及写作过程中，所给予的大力指导和悉心的帮助；从王老师所学到的一切使我终身受用，师恩永生难忘，祝愿王老师生活美满，事业一帆风顺！

　　真心感谢师兄王鹏、高鹏的实验研究，对于本书的出版给予了莫大帮助，让我在研究上，少走了很多的弯路，也让我能够顺利地完成本书！也要感谢领导、同事和朋友一直以来对我的支持和鼓励！本书能够顺利出版，同样离不开你们！真诚地祝福每一位关心和帮助我的人！

　　我会继续努力，把握住美好幸福的时光，在岗位上做出成绩来回报所有关心和帮助过我的人。

马　辉

参考文献

[1] 中国建筑科学研究院.2008年汶川地震灾害建筑震害图片集 [M].北京：中国建筑工业出版社，2008,9.

[2] 丰定国.工程结构抗震 [M].北京：地震出版社，2002.

[3] 刘洪波,谢礼立,邵永松.框架结构的震害及其原因 [J].世界地震工程，2006,22（4）：44-51.

[4] Nakashima M，Inoue K，Tada M. Classification of Damage to Steel Building Observed in the 1995 Hyogoken-Nanbu Earthquake[J]. Engineering Structures，1998,20（4）：271-281.

[5] AISC. Spsecial Task Committee on the Northridge Earthquake[C]. Chicago：American Institute of Steel Construction，1994.

[6] William E Gates，Manuel Modern. Professional Structural Engineering Experience Related to Welded Steel Moment Frames Following the Northridge Earthquake[J]. Engineering Structures，1998,20（4-6）：249-260.

[7] Interim guidelines：Evaluation repair modification and design of steel moment frames. Report No. SAC-95-02[J]. SAC Joint Venture，California：FEMA-267，1994.

[8] SAC joint Venture. Recommended seismic design criteria for new steel moment-frame Buildings[S]. Washington：FEMA-350，2000.

[9] 黄炳生.日本神户地震中建筑钢结构的震害及启示 [J].建筑结构，2000,30（9）：24-25.

[10] 周炳章.日本阪神地震的震害及教训 [J].工程抗震，1996（3）：23-26

[11] 杨强跃,郑悦.钢框架梁柱节点连接方式的介绍与分析 [J].建筑结构，2004,6（34）：44-48.

[12] 黄南翼,张锡云,张萝香.日本阪神大地震震害分析与加固技术 [M].北京：地震出版社，2000.

[13] FEMA-353. Recommended Spsecifications and Quality Assurance Guidelines for Steel Moment-frame Construction for Seismic Applications[S]. Washington, D. C: FEMA 2000.

[14] Jong Won Park, In Kyu Hwang. Experimental Investigation Section Connections of Reduced Beam Section by Use of Web Openings[J]. Engineering Journal, 2003.

[15] Subhash C. Goel, S. L. Steel Moment Frames with Ductile Girder Web Opening[J]. Engineering Journal, 1997.

[16] Ralph M. Richard, C. J. A. , James E. Partridge. Proprietary Slotted Beam Connection Design. Modern Steel Construction, 1997, 3: 28-33.

[17] 王秀丽, 殷占忠, 李庆福, 等. 新型钢框架梁柱节点抗震性能试验研究 [J], 建筑钢结构进展, 2006. 4（7）: 65-76.

[18] 郁有升, 王燕. 钢框架梁翼缘削弱型节点力学性能的试验研究 [J]. 工程力学, 2009, 26（2）: 168-175.

[19] 王燕. 钢框架塑性铰外移新型节点的研究与进展 [J]. 青岛理工大学学报, 2006, 27（3）: 1-6.

[20] 候宝赣. 国外几种钢结构连接的新工法 [J]. 钢结构, 2001, 16（4）: 62.

[21] FEMA-350, Recommended Seismic design Criteria for New Steel Moment-frame Buildings[S]. Washington, D. C: FEMA, 2000.

[22] T. Kim, A. S. W. Cover-Plate and Flange-Plate Steel Moment-Resisting Connections[J]. Structural Engineering, 2002, 128（4）: 474-482.

[23] T. Kim, A. S. W. Experimental Evaluation of Plate-Reinforced Steel Moment-Resisting Connections[J]. Structural Engineering, 2002, 128（4）: 483-491.

[24] 蔡益燕. 考虑塑性铰外移的钢框架梁柱连接设计 [J]. 建筑结构, 2004, 34（2）: 39.

[25] Cheng-Chih Chen, Shuan-Wei Chen, Ming-Dar Chung, etc. Cyclic Behaviors of Unreinforced and Rib-reinforced Moment Connections[J]. Journal of Constructional Steel Research, 2005, 61: 1-21.

[26] 梁军, 黎永, 曾常阳. 框架加腋梁-柱刚性节点的非线性分析 [J]. 广东土木与建筑, 2003, 12（12）: 14-16.

[27] B. H. W. Hadikusumo, Steve Rowlinson. Capturing Safety Knowledge Using Design-for-safety-process tool [J]. Journal of Construction Engineering and

Management，2004，130（2）：281-289.

[28] Richard J. Coble，Robert L. Blatter Jr. Concerns with Safety in Design/Build Process［J］. Journal of Architectural Engineering，1999，5（2）：44-48.

[29] Ting，L. C. ，Shanmugam，N. E. ，Lee，S. L. Box-Column to I-Beam Connections with External Stiffeners［J］. Journal of Constructional Steel Research，1991，18（3）.

[30] 日本钢结构协会．钢构造接合部设计指针［S］.东京：日本建筑学会，2001.

[31] 刘占科，苏明周．钢结构梁端翼缘腋形扩大式刚性梁柱连接试验研究．建筑结构学报，2007，28（3）：8-14.

[32] 张文元，朱福军．梁端翼缘扩大型钢框架梁柱节点的受力性能分析．建筑钢结构进展，2007，9（6）：33-38.

[33] 王鹏，王燕．钢框架梁翼缘板扩翼型和盖板扩翼型节点的试验研究.

[34] 高鹏．钢框架梁端翼缘侧板加强式和扩翼式节点受力性能的试验研究［D］.青岛理工大学硕士学位论文，2009.

[35] 余海群，钱稼茹，等．足尺钢梁柱刚性连接节点抗震性能试验研究［J］.建筑钢结构进展，2006，27（6）：18-27.

[36] 黄炳生，舒赣平，吕志涛．梁端楔形翼缘连接钢框架低周反复荷载试验研究．建筑结构，2006. 27（2）：57-63.

[37] 黄炳生，黄顾忠，舒赣平，等．梁端楔形翼缘连接钢框架抗震性能和抗震设计研究［J］.世界地震工程，2008，3.

[38] 中华人民共和国建设部．高层民用建筑钢结构技术规程（JGJ99-98）［M］. 北京：中国建筑工业出版社，1998.

[39] 邱法维，钱稼茹，等．结构抗震试验方法［M］. 北京：科学出版社，2000.

[40] AISC. Seismic Provisions for Structural Steel Buildings［S］. Chicago：American Institute of Steel Construction，INC，March9，2005.

[41] EI-Tawil，S. ，Mikesell，T. ，Kunnath，S. K. Effect of Local Details and Yield Ratio on Behavior of FR Steel Connections［J］. ASCE，2000，126（11）：79-87.

[42] Mao，C. ，Rieles. J. ，Lu. L-W. ，etc. Effect of Local Details on Ductility of Welded Moment Connections［J］. ASCE，2001，127（9）：1036-1044.

[43] SAC. Interim Guidelines：Evaluation，Repair，Modifieation and Design of Steel

Moment Frames. FEMA-267, Report No. SAC-95-02 [S]. Sacramento SAC Joint Venture, California: 1995.

[44] SAC. Interim guidelines advisory No. 2. FEMA-267B, Report No. SAC-99-01, Sacramento SAC JointVenture, California, 1999.

[45] 中国建筑科学研究院. 建筑抗震设计规范 [M]. 北京:中国建筑工业出版社, 2001.

[46] 顾强. 钢结构滞回性能及抗震设计 [M]. 北京:中国建筑工业出版社, 2009.

[47] 韩林海,杨有福. 现代钢管混凝土结构技术 [M]. 北京:中国建筑工业出版社出版, 2004.

[48] Egor P. Popov, S. M. T.. Experiment Study of Large Seismic Steel Beam-to-Column Connections [J]. Pacific Earthquake Engineering Research Center.

[49] 井上一朗,吹田启一郎. 建筑钢构造——其理论与设计 [M]. 鹿岛:鹿岛出版社, 2007.

[50] John A. Gambatese, Jimmie W. Hinze, Carl T. Haas. Tool to Design for Construction Worker Safety [J]. Journal of Architectural Engineering, 1997, 3 (1): 32-41.